바쁜 친구들이 즐거워지는 빠른 학습법 ― 서술형 기본서

징검다리 교육연구소, 최순미 지음

나 혼자 푼다!
수학 문장제

초등
6-2

새 교육과정 완벽 반영!
2학기 교과서 순서와 똑같아
공부하기 좋아요!

100점

이지스에듀

저자 소개

최순미 선생님은 징검다리 교육연구소의 대표 저자입니다. 이지스에듀에서 《바쁜 5·6학년을 위한 빠른 연산법》과 《바쁜 3·4학년을 위한 빠른 연산법》, 《바쁜 1·2학년을 위한 빠른 연산법》 시리즈를 집필, 새로운 교육과정에 걸맞은 연산 교재로 새 바람을 불러일으켰습니다. 지난 20여 년 동안 EBS, 디딤돌 등과 함께 100여 종이 넘는 교재 개발에 참여해 왔으며 《EBS 초등 기본서 만점왕》, 《EBS 만점왕 평가문제집》 등의 참고서 외에도 《눈높이수학》 등 수십 종의 교재 개발에 참여해 온, 초등 수학 전문 개발자입니다.

그 동안의 경험을 집대성해, 요즘 학교 시험 서술형을 누구나 쉽게 익힐 수 있는 《나 혼자 푼다! 수학 문장제》 시리즈를 집필했습니다.

징검다리 교육연구소는 적은 시간을 투입해도 오래 기억에 남는 학습의 과학을 생각하는 이지스에듀의 공부 연구소입니다. 아이들이 기계적으로 공부하지 않도록, 두뇌가 활성화되는 과학적 학습 설계가 적용된 책을 만듭니다.

바쁜 친구들이 즐거워지는 **빠른** 학습법 - 바빠 시리즈

나 혼자 푼다! 수학 문장제 - 6학년 2학기

초판 발행 | 2020년 12월 10일
초판 5쇄 | 2024년 11월 30일
지은이 | 징검다리 교육연구소, 최순미
발행인 | 이지연
펴낸곳 | 이지스퍼블리싱(주)
출판사 등록번호 | 제313-2010-123호
주소 | 서울시 마포구 잔다리로 109 이지스 빌딩 5층(우편번호 04003)
대표전화 02-325-1722   **팩스** | 02-326-1723
이지스퍼블리싱 홈페이지 | www.easyspub.com   **이지스에듀 카페** | www.easyspub.co.kr
바빠 아지트 블로그 | blog.naver.com/easyspub   **인스타그램** | @easys_edu
페이스북 | www.facebook.com/easyspub2014   **이메일** | service@easyspub.co.kr

기획 및 책임 편집 | 김현주, 박지연, 조은미, 정지연, 이지혜
디자인 | 정우영, 손한나   **전산편집** | 아이에스   **일러스트** | 김학수   **인쇄** | 보광문화사
영업 및 문의 | 이주동, 김요한(support@easyspub.co.kr)
마케팅 | 라혜주   **독자 지원** | 박애림, 김수경

ISBN 979-11-6303-196-3 64410
ISBN 979-11-87370-61-1(세트)
가격 9,800원

・**이지스에듀**는 이지스퍼블리싱(주)의 교육 브랜드입니다.
　이지스에듀는 아이들을 탈락시키지 않고 모두 목적지까지 데려가는 책을 만듭니다.

서술형 문장제도 나 혼자 스스로 푼다!

 ## 서술의 힘이 중요해진 초중고 수학 평가

새로 개정된 교육과정의 핵심은 바로 '4차 산업혁명 시대에 걸맞은 인재 양성'입니다. 미래 사회가
요구하는 인재 양성을 목표로, 이전의 단순 암기가 아닌 스스로 탐구해 알아가는 **과정 중심 평가**가
이루어집니다.

과정 중심 평가의 대표적인 유형은 서술형입니다. 수학에서는 단순 계산보다는 실생활과 관련된
문장형 문제가 많이 나오고, 답뿐만 아니라 '풀이 과정'을 평가하는 비중이 대폭 높아졌습니다.

 ## 정답보다 과정이 중요! — 풀이 과정을 쓰는 습관을 길러요.

예를 들어, 부산의 초등학교는 모든 과목을,
서울 지역 중학교에서는 학기당 1과목 이상
을 객관식 없이 시험을 봅니다. 또한 서울 지
역 중·고등학교에서는 서술형, 논술형 평가와
수행평가를 합해 학기말 성적의 50% 이상으
로 확대하여 반영하고 있습니다.

서술·논술형 평가 및 수업 혁신 추진 현황		*자료=교육부
지역	주요내용	
서울	•중·고교 서술·논술형 평가+수행평가 50% 이상 확대 •중학교 5개 교과군 중 최소 1과목 선다형 시험 폐지	
경기	•중·고교 지필고사 내 서술·논술형 문제 출제 비율 확대	
제주·대구	•2021학년도부터 고교 1학년 대상 국제 논술시험 'IB' 도입 (초·중학교는 시범사업 격인 관심학교 운영 중)	

'나 혼자 푼다! 수학 문장제'는 새 교육과정이 원하는 교육 목표를 충실히 반영한 책입니다! 새 교과서
에서 원하는 적정한 난이도의 문제만을 엄선했고, 단계적 풀이 과정을 도입해 혼자서도 풀이 과정을 완
성하도록 구성했습니다. 이 책으로 풀이 과정을 쓰는 습관을 길러 보세요.

 ## 문장제, 옛날처럼 어렵게 공부하지 마세요!

'나 혼자 푼다! 수학 문장제'는 새 교과서 유형 문장제를 혼자서도 쉽게 연습할 수 있습니다. 요즘 교
육청에서는 과도하게 어려운 문제를 내지 못하게 합니다. 이 책에는 옛날 스타일 책처럼 쓸데없이
꼬아 놓은 문제나, 경시 대회 대비 문제집처럼 아이들을 탈락시키기 위한 문제가 없습니다. 진짜
실력이 착착 쌓이고 공부가 되도록 기획된 문장제 책입니다.

또한 문제를 생각하는 과정 순서대로 쉽게 풀어 나가도록 구성했습니다. 단답형 문제부터 서술형 문제까지, 서서히 빈칸을 늘려 가며 풀이 과정과 답을 쓰도록 구성했지요. 요즘 학교 시험 스타일 문장제로, 6학년이라면 누구나 쉽게 도전할 수 있습니다.

 ## 문제가 무슨 말인지 모르겠다면? — 문제를 이해하는 힘이 생겨요!

문장제를 틀리는 가장 큰 이유는 문제를 대충 읽거나, 읽더라도 잘 이해하지 못했기 때문입니다. **'나 혼자 푼다! 수학 문장제'**는 문제를 정확히 읽도록 숫자에 동그라미를 치고, 구하는 것(주로 마지막 문장)에는 밑줄을 긋는 훈련을 합니다. 문제를 정확하게 읽는 습관을 들이면, 주어진 조건과 구하는 것을 빨리 파악하는 힘이 생깁니다.

바구니 한 개에 사과가 ②개, 귤이 ③개씩 있습니다. 바구니가 한 개일 때와 두 개일 때의 사과 수와 귤 수의 비율을 차례로 구하세요.

비율을 구해야 하니까 비를 먼저 구해야겠다.

 ## 나만의 문제 해결 전략을 떠올려 봐요! — '포스트잇'과 '스케치북' 코너

이 책에는 문제 해결 전략을 찾는 데 도움이 되도록 포스트잇과 스케치북을 제시했습니다. 표 그리기, 그림 그리기, 간단하게 나타내기 등 낙서하듯 자유롭게 정리해 보세요! 나만의 문제 해결 전략을 찾아낼 수 있을 거예요!

 ## 막막하지 않아요! — 빈칸을 채우며 풀이 과정 훈련!

이 책은 풀이 과정의 빈칸을 채우다 보면 식이 완성되고 답이 구해지도록 구성했습니다. 또한 처음 나오는 유형의 풀이 과정은 연한 글씨를 따라 쓰도록 구성해, 막막해지는 상황을 예방해 줍니다. 이 책의 빈칸을 따라 쓰고 채우다 보면 풀이 과정이 훈련돼, 긴 풀이 과정도 혼자서 척척 써 내는 힘이 생깁니다. 수학은 약간만 노력해도 풀 수 있는 문제부터 풀어야 효과적입니다. 어렵지도 쉽지도 않은 딱 적당한 난이도의 **'나 혼자 푼다! 수학 문장제'**로 스스로 문제를 풀어 보세요. 혼자서 문제를 해결하면, 수학에 자신감이 생기고 어느 순간 수학적 사고력도 향상됩니다. 이렇게 만들어진 문제 해결력은 어떤 수학 문제가 나와도 해결해 내는 힘이 될 거예요!

'나 혼자 푼다! 수학 문장제' 구성과 특징

1. 혼자 푸는데도 선생님이 옆에 있는 것 같아요! — 친절한 도움말이 담겨 있어요.

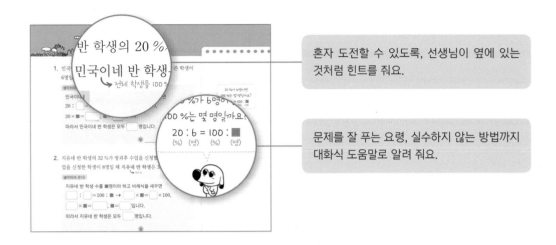

혼자 도전할 수 있도록, 선생님이 옆에 있는 것처럼 힌트를 줘요.

문제를 잘 푸는 요령, 실수하지 않는 방법까지 대화식 도움말로 알려 줘요.

2. 교과서 대표 유형 집중 훈련! — 같은 유형으로 반복 연습해서, 익숙해지도록 도와줘요.

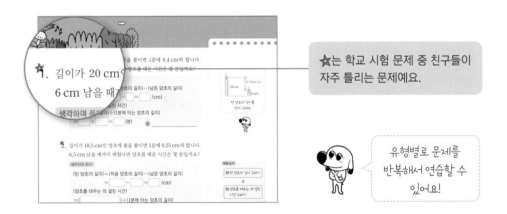

★는 학교 시험 문제 중 친구들이 자주 틀리는 문제예요.

유형별로 문제를 반복해서 연습할 수 있어요!

3. 문제 해결의 실마리를 찾는 훈련! — 조건과 구하는 것을 찾아보세요.

숫자에는 동그라미, 구하는 것(주로 마지막 문장)에는 밑줄 치며 푸는 습관을 들여 보세요. 문제를 정확히 읽고 빨리 이해할 수 있습니다. 소리 내어 문제를 읽는 것도 좋아요!

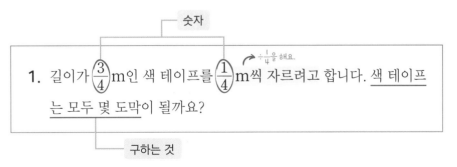

4. 나만의 해결 전략 찾기! — 스케치북에 낙서하듯 해결 전략을 떠올려 봐요!

스케치북에 낙서하듯 그림을 그리거나 표로 정리해 보면 문제가 더 쉽게 이해되고, 식도 더 잘 세울 수 있어요! 풀이 전략에는 정답이 없으니 나만의 전략을 자유롭게 세워 봐요!

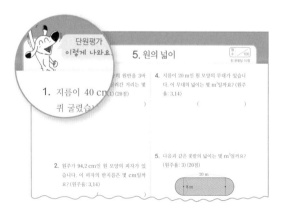

1. 길이가 5.28 cm인 용수철에 추를 매달았더니 처음 길이보다 10.56 cm만큼 늘어났습니다. 늘어난 후의 용수철의 길이는 처음 용수철의 길이의 몇 배일까요?

생각하며 푼다!
(늘어난 후의 용수철의 길이)
=(처음 용수철의 길이)+(늘어난 길이)
=□+□=□ (cm)
(늘어난 후의 용수철의 길이)÷(처음 용수철의 길이)
=□÷□=□ (배)
따라서 늘어난 후의 용수철의 길이는 처음 용수철의 길이의

5. 단계별 풀이 과정 훈련! — 막막했던 풀이 과정을 손쉽게 익힐 수 있어요.

'생각하며 푼다!'의 빈칸을 따라 쓰고 채우다 보면 긴 풀이 과정도 나 혼자 완성할 수 있어요!

생각하며 푼다!
(밑면의 지름)=(밑면의 반지름)×□=_____=□ (cm)
(높이)=□ cm
(밑면의 지름과 높이의 차)=_____=□ (cm)
답 _____

→

생각하며 푼다!

나 혼자 풀이 완성!

답 _____

6. 시험에 자주 나오는 문제로 마무리! — 단원평가도 문제없어요!

각 단원마다 시험에 자주 나오는 주요 문장제를 담았어요. 실제 시험을 치르는 것처럼 풀어 보세요!

단원평가도 자신 있어요!

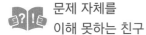

'나 혼자 푼다! 수학 문장제' 이렇게 공부하세요.

- 다음 친구에게 이 책을 추천해요!

 문제 자체를 이해 못하는 친구

 풀이 과정 쓰기가 막막한 친구

 학교 시험을 100점 받고 싶은 친구

▶ 숫자에 동그라미, 구하는 것에 밑줄 치며 문제를 읽으세요!

▶ 빈칸을 채워 가며 풀이 과정을 쉽게 익혀요!

▶ 새 교과서 진도에 딱 맞춘 문장제 책으로 학교 시험 서술형까지 OK!

1. 개정된 교과서 진도에 맞추어 공부하려면?

'나 혼자 푼다! 수학 문장제 6-2'는 개정된 수학 교과서에 딱 맞춘 문장제 책입니다. 개정된 교과서의 모든 단원을 다루었으므로 학교 진도에 맞추어 공부하기 좋습니다.

교과서로 공부하고 문장제로 복습하세요. 하루 15분, 2쪽씩, 일주일에 4번 공부하는 것을 목표로 계획을 세워 보세요. 집중해서 공부하고 싶다면 하루 1과씩 풀어도 좋아요.

문장제 책으로 한 학기 수학을 공부하면, 수학 교과서도 더 풍부하게 이해되고 주관식부터 서술형까지 학교 시험도 더 잘 볼 수 있습니다.

2. 문제는 이해되는데, 연산 실수가 잦다면?

문제를 이해하고 식은 세워도 연산 실수가 잦다면, 학기별 연산책인 '바쁜 6학년을 위한 빠른 교과서 연산' 2학기용으로 연산 훈련을 함께하세요! 연산도 학기 진도에 맞추면 효율적이에요.

매일매일 꾸준히 연산 훈련을 하고, 일주일에 하루는 '나 혼자 푼다! 수학 문장제'를 풀어 보세요.

바빠 교과서 연산 6-2

 목차

 교과서 단원을
확인하세요~

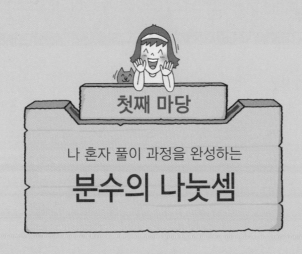

첫째 마당

나 혼자 풀이 과정을 완성하는

분수의 나눗셈

첫째 마당에서는 **분수의 나눗셈을 활용한 문장제**를 배웁니다.
분모가 같은 분수의 나눗셈은 분자끼리만 나누면 되니 어렵지 않아요.
분모가 다른 분수의 나눗셈은 통분하거나 분수의 곱셈으로 바꾸어 계산하세요.

분모가 같은 분수의 나눗셈에서 분자끼리
나누어떨어지지 않으면 몫을 분수로 나타내요!

1. $\frac{3}{5} \div \frac{1}{5}$은 얼마일까요?

생각하며 푼다!

$\frac{3}{5} - \frac{1}{5} - \frac{1}{5} - \frac{1}{5} = \boxed{}$ 이므로

3번

$\frac{3}{5}$에서 $\frac{1}{5}$을 $\boxed{}$ 번 덜어 낼 수 있습니다.

덜어 낸 횟수

따라서 $\frac{3}{5} \div \frac{1}{5} = \boxed{}$ 입니다.

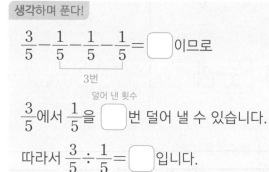

답 _____

2. $\frac{6}{7} \div \frac{2}{7}$는 얼마일까요?

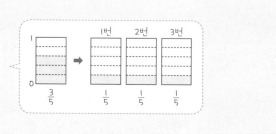

생각하며 푼다!

$\frac{6}{7}$은 $\frac{1}{7}$이 $\boxed{}$ 개, $\frac{2}{7}$는 $\frac{1}{7}$이 $\boxed{}$ 개이므로 $\boxed{}$ 개를 $\boxed{}$ 개로 나누는 것과 같습니다.

따라서 $\frac{6}{7} \div \frac{2}{7} = \boxed{} \div \boxed{} = \boxed{}$ 입니다.

분자끼리 나누어요.

답 _____

3. $\frac{3}{5} \div \frac{2}{5}$는 얼마일까요?

생각하며 푼다!

$\frac{3}{5}$은 $\frac{1}{5}$이 $\boxed{}$ 개, $\frac{2}{5}$는 $\frac{1}{5}$이 $\boxed{}$ 개이므로 $\boxed{}$ 개를 $\boxed{}$ 개로 나누는 것과 같습니다.

대분수

따라서 $\frac{3}{5} \div \frac{2}{5} = \boxed{} \div \boxed{} = \boxed{} = \boxed{}$ 입니다.

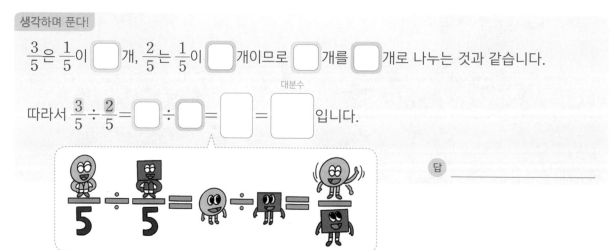

답 _____

문제에서 숫자는 ○,
조건 또는 구하는 것은 ___로
표시해 보세요.

1. 길이가 $\frac{3}{4}$ m인 색 테이프를 $\frac{1}{4}$ m씩 자르려고 합니다. 색 테이프는 모두 몇 도막이 될까요?

$\div\frac{1}{4}$을 해요.

생각하며 푼다!

(도막 수)

=(전체 색 테이프의 길이)÷(한 도막의 길이)

= ☐ ÷ ☐ = ☐ ÷ ☐ = ☐ (도막)

답 _____

2. 길이가 $\frac{4}{5}$ m인 리본을 $\frac{2}{5}$ m씩 자르려고 합니다. 리본은 모두 몇 도막이 될까요?

생각하며 푼다!

(도막 수)

=(전체 리본의 길이)÷(한 도막의 길이)

= ☐ ÷ ☐ = ___ ÷ ___ = ☐ (도막)

답 _____

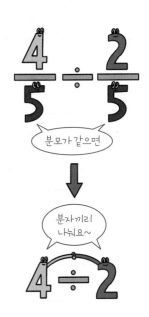

분모가 같으면

분자끼리
나눠요~

$4 \div 2$

3. 길이가 $\frac{9}{10}$ m인 털실을 $\frac{3}{10}$ m씩 자르려고 합니다. 털실은 모두 몇 도막이 될까요?

생각하며 푼다!

답 _____

문제에서 숫자는 ◯,
조건 또는 구하는 것은 ____로
표시해 보세요.

1. $\frac{5}{6}$ L들이 빈 물통에 물을 한 번에 $\frac{1}{6}$ L씩 부으려고 합니다. 물통이 가득 차려면 물을 모두 몇 번 부어야 할까요?

생각하며 푼다!

(물을 붓는 횟수)
=(물통의 들이)÷(한 번에 붓는 물의 양)

= ▢ ÷ ▢ = ▢ ÷ ▢ = ▢ (번)

답 _____

2. 식용유 $\frac{9}{11}$ L를 한 병에 $\frac{3}{11}$ L씩 나누어 담았습니다. 식용유를 담은 병은 모두 몇 개일까요?

생각하며 푼다!

(식용유를 담은 병 수)
=(전체 식용유의 양)÷(한 병에 담은 식용유의 양)

= ▢ ÷ ▢ = _____ = ▢ (개)

답 _____

3. 페인트 $\frac{14}{15}$ L를 한 통에 $\frac{2}{15}$ L씩 나누어 담았습니다. 페인트를 담은 통은 모두 몇 개일까요?

생각하며 푼다!

답 _____

1. 노란색 테이프 $\frac{4}{7}$ m를 $\frac{1}{7}$ m씩 자르고, 초록색 테이프 $\frac{10}{11}$ m를 $\frac{2}{11}$ m씩 잘랐습니다. 어느 색 테이프가 몇 도막 더 많을까요?

생각하며 푼다!

(노란색 테이프의 도막 수)

=(전체 노란색 테이프의 길이)÷(한 도막의 길이)

= ☐ ÷ ☐ = ☐ ÷ ☐ = ☐ (도막)

(초록색 테이프의 도막 수)

=(전체 초록색 테이프의 길이)÷(한 도막의 길이)

= ☐ ÷ ☐ = ☐ ÷ ☐ = ☐ (도막)

따라서 ☐ 색 테이프가 ☐ − ☐ = ☐ (도막) 더 많습니다.

답 _____ , _____

❶ 노란색 테이프의 도막 수 구하기

↓

❷ 초록색 테이프의 도막 수 구하기

↓

❸ 어느 색 테이프가 몇 도막 더 많은지 구하기

2. 귤 주스 $\frac{8}{9}$ L를 $\frac{2}{9}$ L씩 컵에 따르고, 키위 주스 $\frac{12}{13}$ L를 $\frac{4}{13}$ L씩 컵에 따랐습니다. 어느 주스가 몇 컵 더 많을까요?

생각하며 푼다!

(귤 주스를 따른 컵 수)

=(전체 귤 주스의 양)÷(한 컵에 따른 귤 주스의 양)

= _____ (컵)

(키위 주스를 따른 컵 수)

=(☐ 키위 주스의 양)÷(☐ 키위 주스의 양)

= _____ (컵)

따라서 _____ .

답 _____ , _____

1. 무게가 $\frac{2}{5}$ kg인 철사 $\frac{3}{5}$ m가 있습니다. 철사 1 m의 무게는 몇 kg일까요?

문제에서 숫자는 ◯, 조건 또는 구하는 것은 ___로 표시해 보세요.

생각하며 푼다!

(철사 1 m의 무게)
= (철사의 무게) ÷ (철사의 길이)

= ☐ ÷ ☐ = ☐ ÷ ☐ = ☐ (kg)

답 _____

간단하게 생각해 봐요.

철사 $\frac{3}{5}$ m가 $\frac{2}{5}$ kg일 때,

↓ ÷$\frac{3}{5}$ ↓ ÷☐

철사 1m는 ☐ kg이에요.

2. 무게가 $\frac{4}{7}$ kg인 막대 $\frac{3}{7}$ m가 있습니다. 막대 1 m의 무게는 몇 kg일까요?

생각하며 푼다!

(막대 1 m의 무게)
= (막대의 ☐) ÷ (막대의 ☐)

= _____   = ☐ ÷ ☐ = ☐ = ☐ (kg)
                                    대분수

답 _____

간단하게 생각해 봐요.

막대 $\frac{3}{7}$ m가 $\frac{4}{7}$ kg일 때,

↓ ÷☐   ↓ ÷☐

막대 1m는 ☐ kg이에요.

3. 무게가 $\frac{7}{9}$ kg인 철근 $\frac{5}{9}$ m가 있습니다. 철근 1 m의 무게는 몇 kg일까요?

생각하며 푼다!

답 _____

1. 우유를 시아는 $\frac{2}{7}$ L 마셨고 정수는 $\frac{3}{7}$ L 마셨습니다. 시아가 마신 우유의 양은 정수가 마신 우유의 양의 몇 배일까요?

●가 ▲의 **몇 배**인지는
●÷▲로 알 수 있어요.

생각하며 푼다!

(시아가 마신 우유의 양)÷(정수가 마신 우유의 양)

$=$ ☐ $÷$ ☐ $=$ ☐ $÷$ ☐ $=$ ☐ (배)

따라서 시아가 마신 우유의 양은 정수가 마신 우유의 양의 ☐ 배

입니다.

답 _____

2. 와플 한 개를 소희는 $\frac{5}{8}$ 를 먹었고 지호는 $\frac{3}{8}$ 을 먹었습니다. 소희가 먹은 와플의 양은 지호가 먹은 와플의 양의 몇 배일까요?

생각하며 푼다!

(☐ 가 먹은 와플의 양)÷(☐ 가 먹은 와플의 양)

$=$ ☐ $÷$ ☐ $=$ _____ $=$ ☐ $=$ ☐ (배)

대분수

따라서 소희가 먹은 와플의 양은 지호가 먹은 와플의 양의 ☐

배입니다.

답 _____

3. 코코넛의 무게는 $\frac{7}{11}$ kg이고 망고의 무게는 $\frac{4}{11}$ kg입니다. 코코넛의 무게는 망고의 무게의 몇 배일까요?

생각하며 푼다!

답 _____

1. $\dfrac{5}{6} \div \dfrac{1}{12}$ 은 얼마일까요?

생각하며 푼다!

$\dfrac{5}{6} = \dfrac{5 \times 2}{6 \times \boxed{}} = \dfrac{10}{\boxed{}}$ 이고, $\dfrac{10}{12}$ 은 $\dfrac{1}{12}$ 의 $\boxed{}$ 배이므로

$\dfrac{5}{6} \div \dfrac{1}{12} = \dfrac{\boxed{}}{12} \div \dfrac{1}{12} = \boxed{} \div 1 = \boxed{}$ 입니다.

답 _____

2. $\dfrac{2}{3} \div \dfrac{3}{4}$ 은 얼마일까요?

생각하며 푼다!

$\dfrac{2}{3} \div \dfrac{3}{4} = \dfrac{2 \times 4}{3 \times \boxed{}} \div \dfrac{3 \times 3}{4 \times \boxed{}} = \dfrac{\boxed{}}{12} \div \dfrac{\boxed{}}{12} = \boxed{} \div \boxed{} = \boxed{}$

통분해요. 분자끼리 나누어요.

답 _____

3. $\dfrac{5}{7}$ 에 $\dfrac{5}{14}$ 가 몇 개 있을까요?

생각하며 푼다!

1개	2개

$0 \qquad \dfrac{5}{14} \qquad \dfrac{10}{14}\left(\dfrac{5}{7}\right)$

$\dfrac{5}{7} \div \dfrac{5}{14} = \dfrac{5 \times \boxed{}}{7 \times \boxed{}} \div \dfrac{5}{14} = \dfrac{\boxed{}}{14} \div \dfrac{\boxed{}}{14} = \boxed{} \div \boxed{} = \boxed{}$ 이므로

통분해요. 분자끼리 나누어요.

$\dfrac{5}{7}$ 에 $\dfrac{5}{14}$ 가 $\boxed{}$ 개 있습니다.

답 _____ 개

단위를 꼭 써요!

1. 빵 한 개를 만드는 데 밀가루 $\frac{3}{8}$ kg이 필요합니다. <u>밀가루 $\frac{3}{4}$ kg으로 빵을 몇 개 만들 수 있을까요?</u>

문제에서 숫자는 ◯, 조건 또는 구하는 것은 ___로 표시해 보세요.

생각하며 푼다!

(만들 수 있는 빵 수)

= (전체 밀가루의 양) ÷ (빵 한 개를 만드는 데 필요한 밀가루의 양)

= □ ÷ □ = □ ÷ □ = □ ÷ □ = □ (개)

최소공배수로 통분해요.

답 _____

2. 설탕 $\frac{2}{3}$ kg을 한 통에 $\frac{2}{15}$ kg씩 담았습니다. 설탕을 담은 통은 모두 몇 개일까요?

생각하며 푼다!

(설탕을 담은 통 수)

= (전체 설탕의 양) ÷ (한 통에 담은 설탕의 양)

= □ ÷ □ = _____ = _____ = □ (개)

최소공배수로 통분해요.

답 _____

3. 쌀 $\frac{4}{7}$ kg을 한 봉지에 $\frac{2}{21}$ kg씩 담으려고 합니다. 필요한 봉지는 모두 몇 개일까요?

생각하며 푼다!

답 _____

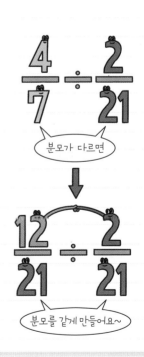

$\frac{4}{7} \div \frac{2}{21}$

분모가 다르면

$\frac{12}{21} \div \frac{2}{21}$

분모를 같게 만들어요~

1. $\dfrac{5}{6}$ cm를 기어가는 데 $\dfrac{1}{8}$분이 걸리는 지렁이가 같은 빠르기로

1분 동안 기어갈 수 있는 거리는 몇 cm일까요?

생각하며 푼다!

(1분 동안 기어갈 수 있는 거리)= ▢ ÷ ▢ = ▢ ÷ ▢

기어간 거리　걸린 시간

최소공배수로 통분해요.

= ▢ ÷ ▢ = ▢ = ▢ (cm)

대분수

답 _____

문제에서 숫자는 ○,
조건 또는 구하는 것은 ___로
표시해 보세요.

6과 8의 최소공배수
• 6 = 2 × 3
• 8 = 2 × 2 × 2
→ 2 × 3 × 2 × 2 = 24

2. $\dfrac{9}{14}$ cm를 기어가는 데 $\dfrac{1}{7}$분이 걸리는 달팽이가 같은 빠르기로

1분 동안 기어갈 수 있는 거리는 몇 cm일까요?

생각하며 푼다!

(1분 동안 기어갈 수 있는 거리)= ▢ ÷ ▢ = ▢ ÷ ▢

기어간 거리　걸린 시간

최소공배수로 통분해요.

= _____ = ▢ = ▢ (cm)

대분수

답 _____

앗! 실수

분모가 다른 분수의
나눗셈은 반드시 통분한
후에 나누어요.

3. $\dfrac{8}{15}$ cm를 기어가는 데 $\dfrac{1}{3}$분이 걸리는 달팽이가 같은 빠르기로

1분 동안 기어갈 수 있는 거리는 몇 cm일까요?

생각하며 푼다!

답 _____

03. (자연수) ÷ (분수) 문장제

1. $4 \div \dfrac{2}{3}$ 는 얼마일까요?

생각하며 푼다!

$4 \div \dfrac{2}{3} = \left(\boxed{} \div \boxed{} \right) \times \boxed{} = \boxed{} \times \boxed{} = \boxed{}$

자연수를
분자로 나눠요.

분모를
곱해요.

답 _____

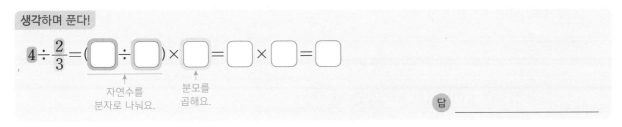

2. 9를 $\dfrac{3}{4}$ 으로 나누면 얼마일까요?

생각하며 푼다!

$9 \div \dfrac{3}{4} = \left(\boxed{} \div \boxed{} \right) \times \boxed{} = \boxed{} \times \boxed{} = \boxed{}$ 이므로

9를 $\dfrac{3}{4}$ 으로 나누면 $\boxed{}$ 입니다.

답 _____

3. 자연수를 분수로 나눈 몫은 얼마일까요?

| 4 | $\dfrac{2}{5}$ |

생각하며 푼다!

$\boxed{} \div \boxed{} = \left(\boxed{} \div \boxed{} \right) \times \boxed{} = \boxed{} \times \boxed{} = \boxed{}$

답 _____

문제에서 숫자는 ◯,
조건 또는 구하는 것은 ___로
표시해 보세요.

1. 길이가 ⑥m인 철사를 $\frac{2}{7}$ m씩 자르려고 합니다. <u>철사를 모두 몇 도막으로 자를 수 있을까요?</u>

   생각하며 푼다!

   (도막 수)
   =(전체 철사의 길이)÷(한 도막의 길이)

   = ☐ ÷ ☐ = (☐ ÷ ☐) × ☐

   = ☐ × ☐ = ☐ (도막)   답 _____

2. 선물 한 개를 포장하는 데 $\frac{5}{6}$ m의 끈이 필요합니다. 10 m의 끈으로는 선물을 모두 몇 개 포장할 수 있을까요?

   생각하며 푼다!

   (포장할 수 있는 선물 수)
   =(전체 끈의 길이)÷(선물 한 개를 포장하는 데 필요한 끈의 길이)

   = ☐ ÷ ☐ = (____ ÷ ____) × ☐

   = ____ × ____ = ☐ (개)   답 _____

3. 진수네 가족이 식혜 12 L를 하루에 $\frac{4}{5}$ L씩 마시려고 합니다. 식혜를 모두 며칠 동안 마실 수 있을까요?

   생각하며 푼다!

   답 _____

식혜를 마실 수 있는
날수를 구해 봐요.

1. 굵기가 일정한 나무 막대 $\frac{2}{3}$ m의 무게가 2 kg입니다. 나무 막대 1 m의 무게는 몇 kg일까요?

생각하며 푼다!

(나무 막대 1 m의 무게)
= (나무 막대의 무게) ÷ (나무 막대의 길이)

= ▢ ÷ ▢ = (▢ ÷ ▢) × ▢

= ▢ × ▢ = ▢ (kg)

답 _____

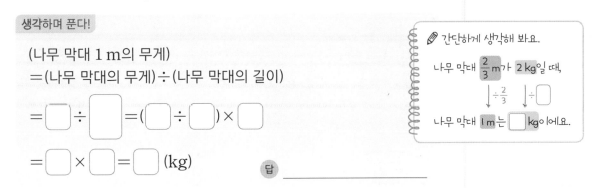

간단하게 생각해 봐요.

나무 막대 $\frac{2}{3}$ m가 2 kg일 때,

↓ ÷ $\frac{2}{3}$ ↓ ÷ ▢

나무 막대 1 m는 ▢ kg이에요.

2. 굵기가 일정한 쇠막대 $\frac{3}{7}$ m의 무게가 3 kg입니다. 쇠막대 1 m의 무게는 몇 kg일까요?

생각하며 푼다!

(쇠막대 1 m의 무게)
= (쇠막대의 무게) ÷ (_____)

= ▢ ÷ ▢ = (_____) × ▢

= _____ = ▢ (kg)

답 _____

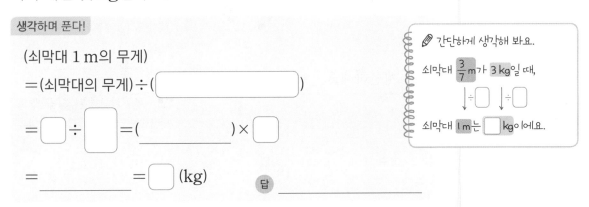

간단하게 생각해 봐요.

쇠막대 $\frac{3}{7}$ m가 3 kg일 때,

↓ ÷ ▢   ↓ ÷ ▢

쇠막대 1 m는 ▢ kg이에요.

3. 굵기가 일정한 철근 $\frac{4}{5}$ m의 무게가 8 kg입니다. 철근 1 m의 무게는 몇 kg일까요?

생각하며 푼다!

답 _____

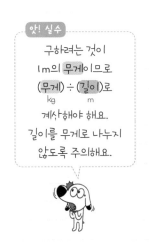

앗! 실수

구하려는 것이 1 m의 **무게**이므로 (무게) ÷ (길이)로
kg   m
계산해야 해요.
길이를 무게로 나누지 않도록 주의해요.

1. $\dfrac{2}{3} \div \dfrac{5}{7}$ 를 분수의 곱셈으로 계산하세요.

생각하며 푼다!

$$\dfrac{2}{3} \div \dfrac{5}{7} = \dfrac{2}{3} \times \dfrac{\boxed{}}{\boxed{}} = \boxed{}$$

$\div \dfrac{\bullet}{\blacktriangle}$ 는 $\times \dfrac{\blacktriangle}{\bullet}$ 로 바꿔요.

답 _____

나눗셈은 곱셈으로
나타내고

나누는 수를
뒤집어요.

2. $\dfrac{6}{7} \div \dfrac{3}{8}$ 을 분수의 곱셈으로 계산하세요.

생각하며 푼다!

$$\dfrac{6}{7} \div \dfrac{3}{8} = \dfrac{\overset{2}{6}}{7} \times \dfrac{\boxed{}}{\underset{1}{3}} = \boxed{} = \boxed{} \quad \text{대분수}$$

$\div \dfrac{\bullet}{\blacktriangle}$ 는 $\times \dfrac{\blacktriangle}{\bullet}$ 로 바꿔요.

약분을 하려면 분수의 곱셈으로
나타낸 다음 약분을 할 수 있어요.

답 _____

3. $1\dfrac{2}{5} \div \dfrac{2}{9}$ 를 분수의 곱셈으로 계산하세요.

생각하며 푼다!

대분수 → 가분수

$$1\dfrac{2}{5} \div \dfrac{2}{9} = \dfrac{\boxed{}}{\boxed{}} \times \dfrac{\boxed{}}{\boxed{}} = \boxed{} = \boxed{} \quad \text{대분수}$$

$\div \dfrac{\bullet}{\blacktriangle}$ 는 $\times \dfrac{\blacktriangle}{\bullet}$ 로 바꿔요.

분수의 나눗셈에서 대분수는
가분수로 바꾸어 계산해야 해요.

답 _____

■라 하고 식을 세워요.

1. 어떤 수에 $\frac{4}{7}$를 곱했더니 $\frac{3}{5}$이 되었습니다. <u>어떤 수</u>를 구하세요.

생각하며 푼다!

어떤 수를 ■라 하면 $■ \times \frac{4}{7} = $ ☐,

■ = ☐ ÷ ☐ = ☐ × ☐ = ☐ = ☐^{대분수} 입니다.

답 _____

문제에서 숫자는 ○,
조건 또는 구하는 것은 ___로
표시해 보세요.

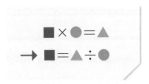

$■ \times ● = ▲$
$→ ■ = ▲ ÷ ●$

2. $1\frac{1}{4}$을 어떤 수로 나누었더니 $\frac{6}{7}$이 되었습니다. 어떤 수를 구하세요.

생각하며 푼다!

어떤 수를 ■라 하면 ☐ ÷ ■ = ☐ ,

■ = ☐ ÷ ☐ = ___ × ___ = ☐ = ☐^{대분수} 입니다.

대분수 → 가분수

답 _____

$● ÷ ■ = ▲$
$→ ■ = ● ÷ ▲$

대분수를 가분수로
바꾼 다음 분수의
곱셈으로 계산해요.

3. 어떤 수에 $\frac{5}{8}$를 곱했더니 $\frac{7}{12}$이 되었습니다. 어떤 수를 구하세요.

생각하며 푼다!

답 _____

약분이 되면
약분을 꼭 해요.

1. 오른쪽은 세로가 $\frac{1}{2}$ m이고 넓이가 $\frac{5}{6}$ m²
인 직사각형입니다. 이 직사각형의 가로
는 몇 m일까요?

| $\frac{5}{6}$ m² | $\frac{1}{2}$ m |

생각하며 푼다!

(가로)＝(직사각형의 넓이)÷(☐)

$= \boxed{} ÷ \boxed{} = \boxed{} × \boxed{} = \boxed{} = \boxed{}$ (m)

대분수

약분을 해요.

답 _____

(직사각형의 넓이)
＝(가로)×(세로)

2. 오른쪽은 밑변의 길이가 $\frac{6}{7}$ m이고 넓이가 $\frac{3}{5}$ m²
인 평행사변형입니다. 이 평행사변형의 높이는
몇 m일까요?

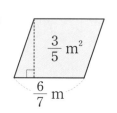

생각하며 푼다!

(높이)＝(평행사변형의 넓이)÷(☐)

$= \boxed{} ÷ \boxed{} = \dfrac{ × }{} = \boxed{}$ (m)

약분을 해요.

답 _____

(평행사변형의 넓이)
＝(밑변의 길이)
×(높이)

3. 가로가 $\frac{5}{8}$ m이고 넓이가 $2\frac{1}{4}$ m²인 직사각형이 있습니다. 이 직
사각형의 세로는 몇 m일까요?

생각하며 푼다!

답 _____

문제에서 숫자는 ◯,
조건 또는 구하는 것은 ___로
표시해 보세요.

1. 휘발유 $\frac{2}{11}$ L로 $1\frac{3}{4}$ km를 가는 자동차가 있습니다. 이 자동차는 휘발유 1 L로 몇 km를 갈 수 있을까요?

생각하며 푼다!

(휘발유 1 L로 갈 수 있는 거리)
= (가는 거리) ÷ (휘발유의 양)

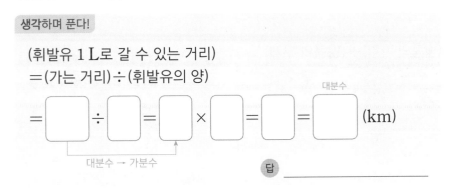

대분수 → 가분수

답 _____

대분수는 꼭 가분수로 바꾼 다음 계산해요.

2. 휘발유 $\frac{5}{7}$ L로 $6\frac{2}{3}$ km를 가는 자동차가 있습니다. 이 자동차는 휘발유 1 L로 몇 km를 갈 수 있을까요?

생각하며 푼다!

(휘발유 1 L로 갈 수 있는 거리)
= (가는 □) ÷ (휘발유의 양)

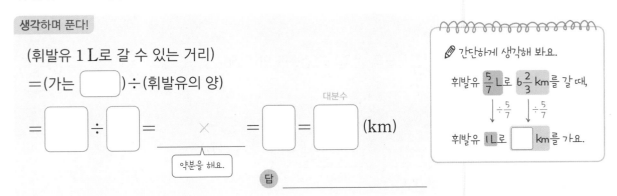

약분을 해요.

답 _____

✐ 간단하게 생각해 보요.

휘발유 $\frac{5}{7}$ L로 $6\frac{2}{3}$ km를 갈 때,

$\downarrow ÷\frac{5}{7}$ $\downarrow ÷\frac{5}{7}$

휘발유 1 L로 □ km를 가요.

3. 휘발유 $\frac{3}{8}$ L로 $3\frac{3}{5}$ km를 가는 자동차가 있습니다. 이 자동차는 휘발유 1 L로 몇 km를 갈 수 있을까요?

생각하며 푼다!

답 _____

05. 분수의 곱셈으로 계산하는 (자연수)÷(분수) 문장제

1. 땅콩 $\frac{4}{7}$ kg의 가격이 ④⓪⓪⓪원입니다. 땅콩 1 kg의 가격은 얼마일까요?

문제에서 숫자는 ○,
조건 또는 구하는 것은 ＿＿로
표시해 보세요.

생각하며 푼다!

(땅콩 1 kg의 가격)＝(땅콩의 가격)÷(땅콩의 무게)

$$= \boxed{} \div \boxed{}$$

$$= \boxed{} \times \boxed{} = \boxed{} \text{(원)}$$

답 ＿＿＿＿＿＿＿＿＿＿＿＿

✏️ 간단하게 생각해 봐요.

땅콩 $\frac{4}{7}$ kg이 4000원일 때,

↓÷$\frac{4}{7}$ ↓÷□

땅콩 1 kg은 □ 원이에요.

2. 건포도 $\frac{5}{9}$ kg의 가격이 5000원입니다. 건포도 1 kg의 가격은 얼마일까요?

생각하며 푼다!

(건포도 1 kg의 가격)＝(건포도의 가격)÷(건포도의 무게)

$$= \boxed{} \div \boxed{}$$

$$= \underline{} \times \underline{} = \boxed{} \text{(원)}$$

답 ＿＿＿＿＿＿＿＿＿＿＿＿

3. 새우 $\frac{2}{5}$ kg의 가격이 7000원입니다. 새우 1 kg의 가격은 얼마일까요?

생각하며 푼다!

답 ＿＿＿＿＿＿＿＿＿＿＿＿

1. 어느 공장에서 에어컨 한 대를 만드는 데 $1\frac{1}{2}$시간이 걸립니다. 하루에 6시간씩 만든다면 일주일 동안 만들 수 있는 에어컨은 모두 몇 대일까요?
   ↘7일

해결 순서

❶ 하루에(6시간 동안) 만드는 에어컨 수 구하기

↓

❷ 일주일 동안 만들 수 있는 에어컨 수 구하기

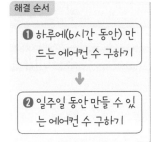

생각하며 푼다!

(하루에 만드는 에어컨 수)
= (하루에 만드는 시간) ÷ (에어컨 한 대를 만드는 데 걸리는 시간)

$$= \boxed{6} \div \boxed{} = \boxed{} \div \boxed{} = \boxed{} \times \boxed{} = \boxed{} \text{(대)}$$

대분수 → 가분수

약분을 해요.

(일주일 동안 만들 수 있는 에어컨 수)
= (하루에 만드는 에어컨 수) × (날수)

$$= \boxed{} \times \boxed{} = \boxed{} \text{(대)}$$

답 _____

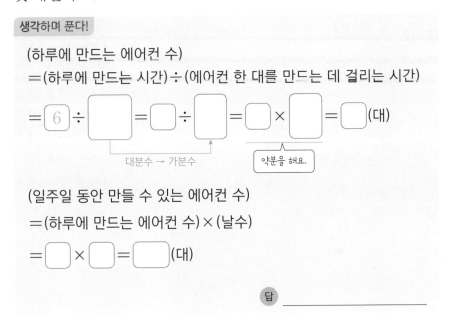

2. 어느 공장에서 컴퓨터 한 대를 만드는 데 $1\frac{1}{7}$시간이 걸립니다. 하루에 8시간씩 만든다면 5일 동안 만들 수 있는 컴퓨터는 모두 몇 대일까요?

생각하며 푼다!

(하루에 만드는 컴퓨터 수)
= ($\boxed{}$에 만드는 시간) ÷ (컴퓨터 한 대를 만드는 데 걸리는 시간)

$$= \boxed{} \div \boxed{} = \boxed{} \div \boxed{} = \underline{} \times \underline{} = \boxed{} \text{(대)}$$

약분을 해요.

(5일 동안 만들 수 있는 컴퓨터 수)
$$= \underline{} = \boxed{} \text{(대)}$$

답 _____

전체 시간을 이용해 풀 수도 있어요.

(하루에 8시간씩 5일 동안 만들 수 있는 컴퓨터 수)

$= 40 \div 1\frac{1}{7}$
↳ 8(시간)×5(일)

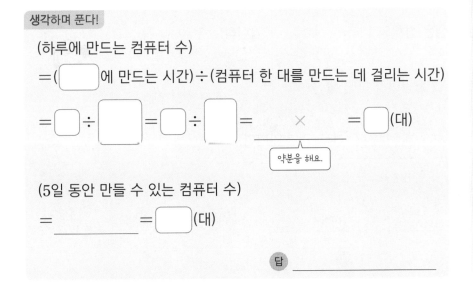

문제에서 숫자는 ○,
조건 또는 구하는 것은 ____로
표시해 보세요.

1. 수찬이네 반 학생의 $\dfrac{5}{11}$가 여학생입니다. 남학생이 18명일 때 수찬이네 반 학생은 모두 몇 명일까요?

생각하며 푼다!

남학생은 전체의 $1-\dfrac{5}{11}=\boxed{}$ 입니다.

수찬이네 반 전체 학생 수를 ■명이라 하면 ■ $\times \boxed{}=18$, ⌐남학생 수

■ $=\boxed{}\div\boxed{}=\boxed{}\times\boxed{}=\boxed{}$ 입니다.

약분을 해요.

따라서 수찬이네 반 학생은 모두 $\boxed{}$ 명입니다.

답 _____

해결 순서

❶ 남학생은 전체의 얼마만큼인지 구하기

⬇

❷ 반 전체 학생 수를 ■라 하고 식 쓰기

⬇

❸ 반 전체 학생 수 구하기

2. 민지네 반 학생의 $\dfrac{2}{7}$가 학원에 다닙니다. 학원에 다니지 않는 학생이 20명일 때 민지네 반 학생은 모두 몇 명일까요?

생각하며 푼다!

학원에 다니지 않는 학생은 전체의 $1-\boxed{}=\boxed{}$ 입니다.

민지네 반 전체 학생 수를 ■명이라 하면 ■ $\times\boxed{}=\boxed{}$, ⌐학원에 다니지 않는 학생 수

■ $=\boxed{}\div\boxed{}=\dfrac{}{}\times=\boxed{}$ 입니다.

약분을 해요.

따라서 _____ 입니다.

답 _____

전체는 1이에요.

1. 수 카드 ①, ②, ⑦ 을 한 번씩 모두 사용하여 계산 결과가 가장 큰 (자연수)÷(진분수)의 나눗셈식을 만들고 계산하세요.

생각하며 푼다!

분자에는 가장 작은 수인 ☐을, 분모와 자연수에는 2 또는 ☐을 넣고 계산합니다. 따라서 몫이 가장 큰 나눗셈식은

$2 \div \boxed{} = 2 \times \boxed{} = \boxed{}$ 또는 $7 \div \boxed{} = 7 \times \boxed{} = \boxed{}$

입니다.

답 _____

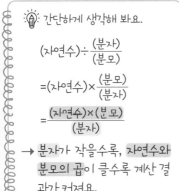

간단하게 생각해 봐요.

$$(자연수) \div \frac{(분자)}{(분모)}$$
$$= (자연수) \times \frac{(분모)}{(분자)}$$
$$= \frac{(자연수) \times (분모)}{(분자)}$$

→ 분자가 작을수록, 자연수와 분모의 곱이 클수록 계산 결과가 커져요.

2. 수 카드 ③, ④, ⑤ 를 한 번씩 모두 사용하여 계산 결과가 가장 큰 (자연수)÷(진분수)의 나눗셈식을 만들고 계산하세요.

생각하며 푼다!

분자에는 가장 작은 수인 ☐을, 분모와 자연수에는 4 또는 ☐를 넣고 계산합니다. 따라서 몫이 가장 큰 나눗셈식은

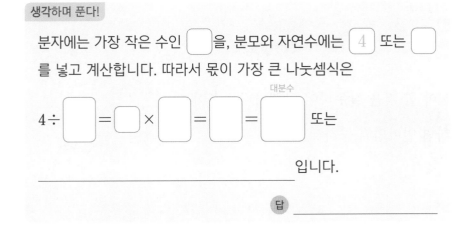

또는

_____ 입니다.

답 _____

(자연수)÷(진분수)의 계산 결과를 가장 크게 만들려면 자연수 와 분모 가 커지도록 만들어야 합니다.

3. 수 카드 ⑤, ⑥, ⑦ 을 한 번씩 모두 사용하여 계산 결과가 가장 큰 (자연수)÷(진분수)의 나눗셈식을 만들고 계산하세요.

생각하며 푼다!

답 _____

06. 분수의 나눗셈을 활용하는 문장제

1. 어떤 수를 $\frac{4}{5}$로 나누어야 할 것을 잘못하여 곱했더니 $1\frac{1}{7}$이 되었습니다. 바르게 계산하면 얼마인지 구하세요.

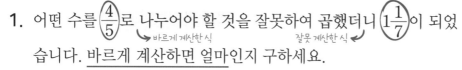

생각하며 푼다!

어떤 수를 ■라 하면 ■ $\times \frac{4}{5} = $ ⬜ ,

■ $= $ ⬜ $\div$ ⬜ $= $ ⬜ $\times$ ⬜ $= $ ⬜ $= $ ⬜ **(대분수)** 입니다.

약분을 해요.

따라서 바르게 계산하면

⬜ $\div$ ⬜ $= $ ⬜ $\times$ ⬜ $= $ ⬜ $= $ ⬜ **(대분수)** 입니다.

약분을 해요.

답 _____

문제에서 숫자는 ◯,
조건 또는 구하는 것은 ___로 표시해 보세요.

해결 순서

❶ 어떤 수를 ■라 하고 잘못 계산한 식 쓰기
↓
❷ 어떤 수 구하기
↓
❸ 바르게 계산한 몫 구하기

2. 어떤 수를 $2\frac{1}{4}$로 나누어야 할 것을 잘못하여 곱했더니 $1\frac{1}{2}$이 되었습니다. 바르게 계산하면 얼마인지 구하세요.

생각하며 푼다!

어떤 수를 ■라 하면 ■ $\times$ ⬜ $= $ ⬜ ,

■ $= $ ⬜ $\div$ ⬜ $= $ ⬜ $\times$ ⬜ $= $ ⬜ 입니다.

약분을 해요.

따라서 바르게 계산하면

풀이를 완성해요.

답 _____

30   나 혼자 푼다! 수학 문장제

1. 길이가 $7\frac{1}{2}$ m인 통나무를 $\frac{3}{4}$ m씩 잘랐습니다. 한 도막을 자르는 데 5분이 걸렸다면 통나무를 모두 자를 때까지 걸린 시간은 몇 분일까요?

6학년 2학기

생각하며 푼다!

(자른 도막 수)

=(전체 통나무의 길이)÷(한 도막의 길이)

= ☐ ÷ ☐ = ☐ × ☐ = ☐ (도막)

약분을 해요.

(통나무를 자른 횟수)=(자른 도막 수)−1= ☐ −1= ☐ (번)

따라서 통나무를 모두 자를 때까지 걸린 시간은

걸린 시간 자른 횟수

☐ × ☐ = ☐ (분)입니다.

답 _____

자른 횟수는 잘라서 생긴 도막 수보다 항상 1 작아요.

1번 2번 3번

1도막 | 2도막 | 3도막 | 4도막

(자른 횟수)=(자른 도막 수)−1

2. 길이가 $6\frac{2}{3}$ m인 통나무를 $1\frac{1}{9}$ m씩 잘랐습니다. 한 도막을 자르는 데 6분이 걸렸다면 통나무를 모두 자를 때까지 걸린 시간은 몇 분일까요?

생각하며 푼다!

답 _____

해결 순서

❶ 자른 도막 수 구하기

❷ 통나무를 자른 횟수 구하기

❸ 통나무를 모두 자를 때까지 걸린 시간 구하기

1. 30초 동안 $1\frac{1}{5}$ L의 물이 일정하게 나오는 수도꼭지가 있습니다. 이 수도꼭지에서 1 L의 물이 나오는 데 걸리는 시간은 몇 분일까요?

문제에서 숫자는 ◯, 조건 또는 구하는 것은 ____로 표시해 보세요.

생각하며 푼다!

$30초 = \dfrac{30}{\boxed{}}분 = \dfrac{1}{\boxed{}}분입니다.$

(1 L의 물이 나오는 데 걸리는 시간)

=(물이 나오는 시간)÷(나오는 물의 양)

$= \boxed{} \div \boxed{} = \boxed{} \div \overset{가분수}{\boxed{}} = \boxed{} \times \boxed{} = \boxed{}$ (분)

$\div \dfrac{\bullet}{\blacktriangle}$ 는 $\times \dfrac{\blacktriangle}{\bullet}$ 로 바꿔요.

구하는 값의 단위가 분이므로 초를 분 단위로 바꾸어 계산해요.

답 _____

2. 36초 동안 $1\frac{1}{3}$ L의 물이 일정하게 나오는 수도꼭지가 있습니다. 이 수도꼭지에서 1 L의 물이 나오는 데 걸리는 시간은 몇 분일까요?

생각하며 푼다!

$36초 = \dfrac{36}{\boxed{}}분 = \dfrac{3}{\boxed{}}분입니다.$

(1 L의 물이 나오는 데 걸리는 시간)

=(물이 나오는 $\boxed{}$)÷(나오는 물의 양)

$= \boxed{} \div \boxed{} = \boxed{} \div \overset{가분수}{\boxed{}} = \dfrac{\times}{} = \boxed{}$ (분)

$\div \dfrac{\bullet}{\blacktriangle}$ 는 $\times \dfrac{\blacktriangle}{\bullet}$ 로 바꿔요.

$\blacksquare초 = \dfrac{\blacksquare}{60}분이에요.$

답 _____

1. 25분 동안 $5\frac{3}{4}$ L의 물이 일정하게 나오는 수도가 있습니다. 이

수도에서 $1\frac{2}{3}$시간 동안 나오는 물은 모두 몇 L일까요?

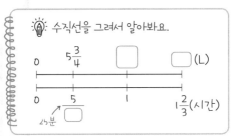

🔆 수직선을 그려서 알아봐요.

생각하며 푼다!

25분 $=\dfrac{25}{\boxed{}}$시간 $=\dfrac{5}{\boxed{}}$시간입니다.

(1시간 동안 나오는 물의 양)=(나오는 물의 양)÷(물이 나오는 시간)

가분수   대분수

$=\boxed{}\div\boxed{}=\boxed{}\times\boxed{}=\boxed{}=\boxed{}$ (L)

분수의 곱셈으로 바꾼 다음 약분을 해요.

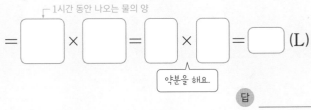

($1\frac{2}{3}$시간 동안 나오는 물의 양)

1시간 동안 나오는 물의 양

$=\boxed{}\times\boxed{}=\boxed{}\times\boxed{}=\boxed{}$ (L)

약분을 해요.

답 _____

해결 순서

❶ 25분은 몇 시간인지 분수로 바꾸기

⬇

❷ 1시간 동안 나오는 물의 양 구하기

⬇

❸ $1\frac{2}{3}$시간 동안 나오는 물의 양 구하기

2. 40분 동안 $8\frac{2}{5}$ L의 물이 일정하게 나오는 수도가 있습니다. 이

수도에서 $2\frac{1}{2}$시간 동안 나오는 물은 모두 몇 L일까요?

생각하며 푼다!

답 _____

1. 지윤이가 $1\frac{1}{3}$ km를 걷는 데 45분이 걸렸습니다. 같은 빠르기로 걷는다면 1시간 동안 갈 수 있는 거리는 몇 km일까요?

생각하며 푼다!

$45분 = \dfrac{\boxed{}}{60}시간 = \dfrac{\boxed{}}{4}시간입니다.$

(1시간 동안 갈 수 있는 거리)
= (걸은 거리) ÷ (걸린 시간)

$= \boxed{} ÷ \boxed{} = \overset{\text{가분수}}{\boxed{}} × \boxed{}$

$= \boxed{} = \overset{\text{대분수}}{\boxed{}} \text{(km)}$

답 _____

2. 민준이가 $4\frac{1}{5}$ km를 걷는 데 48분이 걸렸습니다. 같은 빠르기로 걷는다면 1시간 동안 갈 수 있는 거리는 몇 km일까요?

생각하며 푼다!

$48분 = \dfrac{48}{\boxed{}}시간 = \overset{\text{기약분수}}{\boxed{}}시간입니다.$

(1시간 동안 갈 수 있는 거리)
= (걸은 거리) ÷ ($\boxed{}$)

$= \boxed{} ÷ \boxed{} = \overset{\text{가분수}}{\boxed{}} × \boxed{}$

약분을 해요.

$= \boxed{} = \overset{\text{대분수}}{\boxed{}} \text{(km)}$

답 _____

문제에서 숫자는 ◯, 조건 또는 구하는 것은 ___로 표시해 보세요.

구하는 값의 단위가 시간이므로 분을 시간 단위로 바꾸어 계산해요.

1. 승기는 $2\frac{1}{12}$ km를 걷는 데 50분이 걸렸습니다. 같은 빠르기로

   $3\frac{1}{8}$ km를 걷는 데 걸리는 시간은 몇 시간일까요?

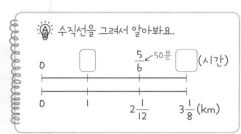

수직선을 그려서 알아봐요.

생각하며 푼다!

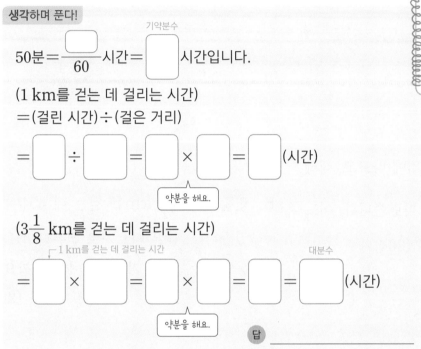

50분$=\dfrac{\boxed{}}{60}$시간$=\boxed{}$시간입니다.   기약분수

(1 km를 걷는 데 걸리는 시간)
=(걸린 시간)÷(걸은 거리)

$=\boxed{}\div\boxed{}=\boxed{}\times\boxed{}=\boxed{}$(시간)

약분을 해요.

($3\frac{1}{8}$ km를 걷는 데 걸리는 시간)

1 km를 걷는 데 걸리는 시간   대분수

$=\boxed{}\times\boxed{}=\boxed{}\times\boxed{}=\boxed{}=\boxed{}$(시간)

약분을 해요.

답 _____

해결 순서

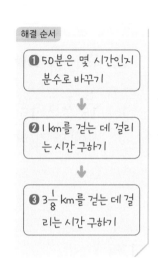

❶ 50분은 몇 시간인지 분수로 바꾸기

❷ 1 km를 걷는 데 걸리는 시간 구하기

❸ $3\frac{1}{8}$ km를 걷는 데 걸리는 시간 구하기

2. 민재는 $1\frac{1}{9}$ km를 걷는 데 24분이 걸렸습니다. 같은 빠르기로

   $3\frac{1}{3}$ km를 걷는 데 걸리는 시간은 몇 시간일까요?

생각하며 푼다!

답 _____

1. 분수의 나눗셈

1. 참기름 $\frac{10}{11}$ L를 한 병에 $\frac{2}{11}$ L씩 나누어 담았습니다. 참기름을 담은 병은 모두 몇 개일까요?

( )

2. 우유 $\frac{9}{11}$ L를 $\frac{3}{11}$ L씩 컵에 따르고, 식혜 $\frac{8}{15}$ L를 $\frac{2}{15}$ L씩 컵에 따랐습니다. 어느 것이 몇 컵 더 많을까요? (20점)

( ), ( )

3. 주스를 지희는 $\frac{5}{8}$ L 마셨고, 민하는 $\frac{3}{8}$ L 마셨습니다. 지희가 마신 주스의 양은 민하가 마신 주스의 양의 몇 배일까요?

( )

4. 소금 $\frac{3}{4}$ kg을 한 통에 $\frac{3}{16}$ kg씩 담았습니다. 소금을 담은 통은 모두 몇 개일까요?

( )

5. 굵기가 일정한 철근 $\frac{2}{9}$ m의 무게가 6 kg 입니다. 철근 1 m의 무게는 몇 kg일까요?

( )

6. 민준이가 $3\frac{1}{2}$ km를 걷는 데 45분이 걸렸습니다. 같은 빠르기로 걷는다면 1시간 동안 갈 수 있는 거리는 몇 km일까요? (20점)

( )

7. 길이가 $8\frac{1}{4}$ m인 통나무를 $1\frac{3}{8}$ m씩 잘랐습니다. 한 도막을 자르는 데 7분이 걸렸다면 통나무를 모두 자를 때까지 걸린 시간은 몇 분일까요? (20점)

( )

둘째 마당

나 혼자 풀이 과정을 완성하는
소수의 나눗셈

둘째 마당에서는 **소수의 나눗셈을 활용한 문장제**를 배웁니다.

자릿수가 같은 소수의 나눗셈은 자연수의 나눗셈처럼 계산한 뒤 소수점만 찍으면 돼요.

자릿수가 다른 소수의 나눗셈은 나누는 수가 자연수가 되도록

소수점을 똑같이 옮겨 계산하세요.

나누어지는 수와 나누는 수가 모두
10배, 100배가 될 때 몫은 변하지 않아요!

07. 자릿수가 같은 (소수)÷(소수) 문장제

1. 9.6÷0.4와 0.96÷0.04를 각각 자연수의 나눗셈을 이용하여 계산하세요.

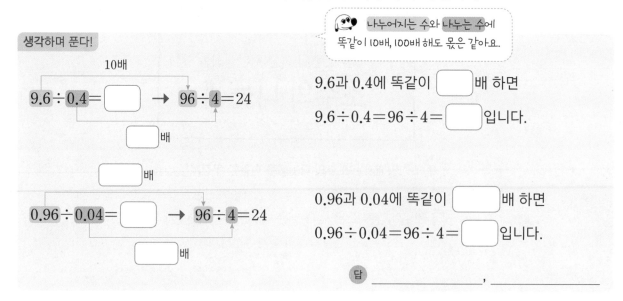

생각하며 푼다!

10배

9.6÷0.4= □ → 96÷4=24

□배

□배

0.96÷0.04= □ → 96÷4=24

□배

나누어지는 수와 나누는 수에 똑같이 10배, 100배 해도 몫은 같아요.

9.6과 0.4에 똑같이 □배 하면

9.6÷0.4=96÷4= □ 입니다.

0.96과 0.04에 똑같이 □배 하면

0.96÷0.04=96÷4= □ 입니다.

답 _____, _____

2. 2.4÷1.6을 세로로 계산하세요.

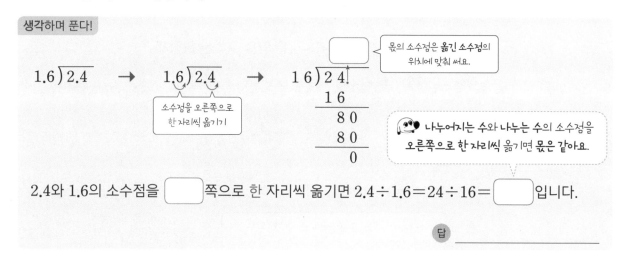

생각하며 푼다!

1.6)2.4 → 1.6)2.4 → 16)24.
　　　　　　　　　　　　　　16
　　　　　　　　　　　　　　80
　　　　　　　　　　　　　　80
　　　　　　　　　　　　　　 0

소수점을 오른쪽으로 한 자리씩 옮기기

몫의 소수점은 옮긴 소수점의 위치에 맞춰 써요.

나누어지는 수와 나누는 수의 소수점을 오른쪽으로 한 자리씩 옮기면 몫은 같아요.

2.4와 1.6의 소수점을 □쪽으로 한 자리씩 옮기면 2.4÷1.6=24÷16= □ 입니다.

답 _____

3. 0.45÷0.15를 분수의 나눗셈으로 계산하세요.

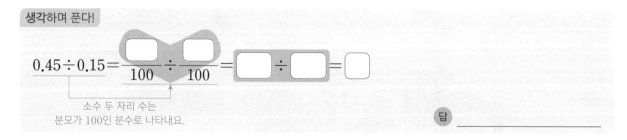

생각하며 푼다!

0.45÷0.15= □/100 ÷ □/100 = □÷□= □

소수 두 자리 수는
분모가 100인 분수로 나타내요.

답 _____

1. 어머니가 캔 감자의 무게는 ⟨20.8⟩kg이고 시우가 캔 감자의 무게는 ⟨5.2⟩kg입니다. <u>어머니가 캔 감자의 무게는 시우가 캔 감자의 무게의 몇 배일까요?</u>

문제에서 숫자는 ◯,
조건 또는 구하는 것은 ___로
표시해 보세요.

●가 ▲의 **몇 배**인지는
●÷▲로 알 수 있어요.

   생각하며 푼다!

   (어머니가 캔 감자의 무게)÷(시우가 캔 감자의 무게)

   = ☐ ÷ ☐ = ☐(배)   답 _____

2. 아버지의 몸무게는 79.4 kg이고 현지의 몸무게는 39.7 kg입니다. 아버지의 몸무게는 현지의 몸무게의 몇 배일까요?

   생각하며 푼다!

   (☐의 몸무게)÷(현지의 몸무게)

   = ___ ÷ ___ = ☐(배)

                          답 _____

3. 가로가 48.5 cm이고 세로가 9.7 cm인 직사각형 모양의 액자가 있습니다. 가로는 세로의 몇 배일까요?

   생각하며 푼다!

   (직사각형의 ☐)÷(직사각형의 ☐)

   = ___ = ☐(배)

                          답 _____

4. 빨간색 끈의 길이는 45.6 cm이고 파란색 끈의 길이는 7.6 cm입니다. 빨간색 끈의 길이는 파란색 끈의 길이의 몇 배일까요?

   생각하며 푼다!

                          답 _____

문제에서 숫자는 ◯,
조건 또는 구하는 것은 ___로
표시해 보세요.

1. 음료수 2.75 L를 친구들이 0.25 L씩 똑같이 나누어 마시려고 합니다. 모두 몇 명이 나누어 마실 수 있을까요?

   생각하며 푼다!

   (나누어 마실 수 있는 친구 수)
   =(전체 음료수의 양)÷(한 명이 마시는 음료수의 양)
   = ▢ ÷ ▢ = ▢ (명)

   답 _____

2. 간장 50.32 L를 한 병에 1.48 L씩 똑같이 나누어 담으려고 합니다. 모두 몇 개의 병에 담을 수 있을까요?

   생각하며 푼다!

   (담을 수 있는 병 수)
   =(▢ 간장의 양)÷(▢에 담는 간장의 양)
   = _____ = ▢ (개)

   답 _____

3. 방울토마토 81.76 kg을 한 상자에 2.92 kg씩 똑같이 나누어 담으려고 합니다. 모두 몇 개의 상자에 담을 수 있을까요?

   생각하며 푼다!

   답 _____

1. 둘레가 36.4 m인 원 모양의 호수에 2.6 m 간격으로 통나무 의자를 놓으려고 합니다. 필요한 통나무 의자는 몇 개일까요? (단, 통나무 의자의 두께는 생각하지 않습니다.)

원 모양처럼 끝과 끝이 이어져 있는 경우 (간격 수)=(의자 수)예요.

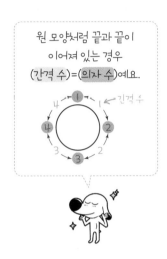

생각하며 푼다!

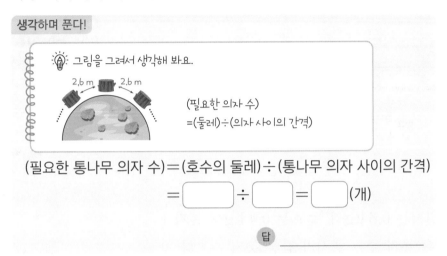

💡 그림을 그려서 생각해 봐요.

2.6 m   2.6 m

(필요한 의자 수)
=(둘레)÷(의자 사이의 간격)

(필요한 통나무 의자 수)=(호수의 둘레)÷(통나무 의자 사이의 간격)

= ☐ ÷ ☐ = ☐ (개)

답 _____

2. 둘레가 30.6 m인 원 모양의 울타리에 1.8 m 간격으로 기둥을 세우려고 합니다. 필요한 기둥은 몇 개일까요? (단, 기둥의 두께는 생각하지 않습니다.)

생각하며 푼다!

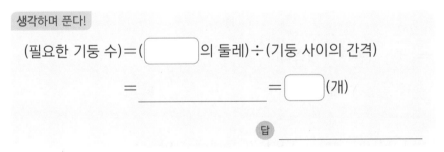

(필요한 기둥 수)=(☐의 둘레)÷(기둥 사이의 간격)

= _____ = ☐ (개)

답 _____

3. 둘레가 157.5 m인 원 모양의 공원에 7.5 m 간격으로 가로등을 세우려고 합니다. 필요한 가로등은 몇 개일까요? (단, 가로등의 두께는 생각하지 않습니다.)

생각하며 푼다!

답 _____

1. 길이가 31.5 cm인 색 테이프를 각각 진서는 3.5 cm씩, 민주는
   4.5 cm씩 잘랐습니다. 진서가 자른 도막 수는 민주가 자른 도막
   수보다 몇 도막 더 많을까요?

   생각하며 푼다!

   색 테이프 길이   자른 길이

   (진서가 자른 도막 수)= ☐ ÷ ☐ = ☐ (도막)

   (민주가 자른 도막 수)= ☐ ÷ ☐ = ☐ (도막)

   따라서 ☐ − ☐ = ☐ (도막) 더 많습니다.

   답 ＿＿＿＿＿＿＿＿＿＿

2. 소금 14.4 kg을 각각 현서는 0.6 kg씩, 준호는 0.4 kg씩 봉지에
   담았습니다. 준호가 담은 봉지 수는 현서가 담은 봉지 수보다 몇
   봉지 더 많을까요?

   생각하며 푼다!

   (현서가 담은 봉지 수)= ＿＿＿＿＿＿＿ = ☐ (봉지)

   (준호가 담은 봉지 수)= ＿＿＿＿＿＿＿ = ☐ (봉지)

   따라서 ☐ − ☐ = ☐ (봉지) 더 많습니다.

   답 ＿＿＿＿＿＿＿＿＿＿

3. 물 10.8 L를 각각 명수는 1.2 L씩, 윤아는 1.8 L씩 물병에 담았
   습니다. 명수가 담은 물병 수는 윤아가 담은 물병 수보다 몇 개 더
   많을까요?

   생각하며 푼다!

   답 ＿＿＿＿＿＿＿＿＿＿

1. 길이가 5.28 cm인 용수철에 추를 매달았더니 처음 길이보다 10.56 cm만큼 늘어났습니다. 늘어난 후의 용수철의 길이는 처음 용수철의 길이의 몇 배일까요?

생각하며 푼다!

(늘어난 후의 용수철의 길이)
=(처음 용수철의 길이)+(늘어난 길이)
= ☐ + ☐ = ☐ (cm)

(늘어난 후의 용수철의 길이)÷(처음 용수철의 길이)
= ☐ ÷ ☐ = ☐ (배)

따라서 늘어난 후의 용수철의 길이는 처음 용수철의 길이의

☐ 배입니다.

답 _____

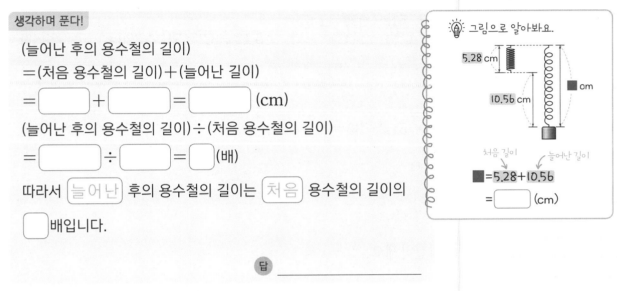

💡 그림으로 알아봐요.

5.28 cm

10.56 cm

☐cm

처음 길이   늘어난 길이

☐=5.28+10.56

= ☐ (cm)

2. 길이가 9.37 cm인 고무줄을 늘였더니 처음 길이보다 28.11 cm만큼 늘어났습니다. 늘어난 후의 고무줄의 길이는 처음 고무줄의 길이의 몇 배일까요?

생각하며 푼다!

(늘어난 후의 고무줄의 길이)
=(처음 고무줄의 길이)+(늘어난 길이)
= _____ = ☐ (cm)

(☐ 후의 고무줄의 길이)÷(☐ 고무줄의 길이)

= _____ = ☐ (배)

따라서 _____ 의 고무줄의 길이는 _____ 고무줄의

길이의 _____ .

답 _____

08. 자릿수가 다른 (소수)÷(소수) 문장제

1. 5.12÷3.2를 자연수의 나눗셈을 이용하여 계산하세요.

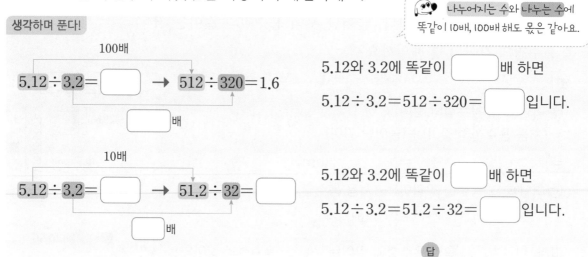

생각하며 푼다!

나누어지는 수와 나누는 수에 똑같이 10배, 100배 해도 몫은 같아요.

100배

5.12÷3.2 = [   ] → 512÷320 = 1.6

[   ]배

5.12와 3.2에 똑같이 [   ]배 하면

5.12÷3.2 = 512÷320 = [   ]입니다.

10배

5.12÷3.2 = [   ] → 51.2÷32 = [   ]

[   ]배

5.12와 3.2에 똑같이 [   ]배 하면

5.12÷3.2 = 51.2÷32 = [   ]입니다.

답 _____

2. 6.72÷2.4를 세로로 계산하세요.

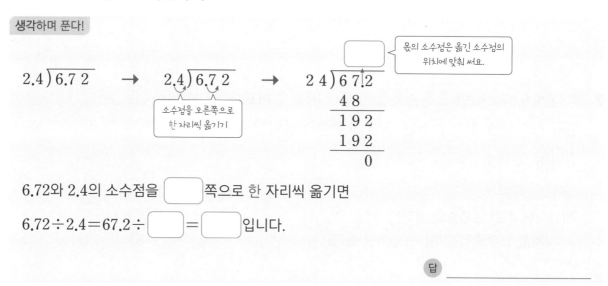

생각하며 푼다!

몫의 소수점은 옮긴 소수점의 위치에 맞춰 써요.

$$2.4\overline{)6.72} \rightarrow 2.4\overline{)6.72} \rightarrow 24\overline{)67.2}$$

소수점을 오른쪽으로 한 자리씩 옮기기

```
   24)67.2
      48
     192
     192
       0
```

6.72와 2.4의 소수점을 [   ]쪽으로 한 자리씩 옮기면

6.72÷2.4 = 67.2÷[   ] = [   ]입니다.

답 _____

3. 끈 3.92 m를 0.8 m씩 나눈 것 중 한 도막은 몇 m일까요?

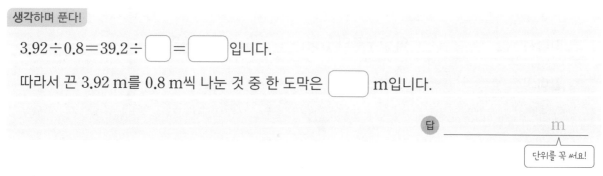

생각하며 푼다!

3.92÷0.8 = 39.2÷[   ] = [   ]입니다.

따라서 끈 3.92 m를 0.8 m씩 나눈 것 중 한 도막은 [   ] m입니다.

답 _____ m

단위를 꼭 써요!

1. 연료 ◯0.3◯L를 넣으면 ◯1◯km를 갈 수 있는 자동차가 있습니다. 이 자동차에 연료 ◯22.44◯L를 넣으면 몇 km를 갈 수 있을까요?

문제에서 숫자는 ◯,
조건 또는 구하는 것은 ___로
표시해 보세요.

몫의 소수점은
나누어지는 수의
옮겨진 소수점의 위치에
맞추어 콕! 찍어요.

생각하며 푼다!

(연료 22.44 L로 갈 수 있는 거리)
= (전체 연료의 양) ÷ (1 km를 가는 데 필요한 연료의 양)
= [＿＿＿] ÷ [＿＿] = [＿＿＿] (km)

답 ＿＿＿＿＿＿＿＿＿＿

2. 연료 0.2 L를 넣으면 1 km를 갈 수 있는 자동차가 있습니다. 이 자동차에 연료 19.86 L를 넣으면 몇 km를 갈 수 있을까요?

생각하며 푼다!

(연료 19.86 L로 갈 수 있는 거리)
= (전체 [＿＿]의 양) ÷ ([＿] km를 가는 데 필요한 연료의 양)
= ＿＿＿＿＿＿＿＿ = [＿＿＿] (km)

답 ＿＿＿＿＿＿＿＿＿＿

3. 연료 0.4 L를 넣으면 1 km를 갈 수 있는 자동차가 있습니다. 이 자동차에 연료 35.04 L를 넣으면 몇 km를 갈 수 있을까요?

생각하며 푼다!

답 ＿＿＿＿＿＿＿＿＿＿

1. 밑변의 길이가 6.5 cm이고 넓이가 27.95 cm²인 평행사변형이 있습니다. 이 평행사변형의 높이는 몇 cm일까요?

문제에서 숫자는 ◯, 조건 또는 구하는 것은 ___로 표시해 보세요.

생각하며 푼다!

(평행사변형의 넓이)=(밑변의 길이)×(높이)이므로

(높이)=(평행사변형의 [   ])÷([   ]의 길이)

= [   ]÷[   ] = [   ] (cm)입니다.

27.95 cm² ■ cm
6.5 cm

27.95=6.5×■

답 _____

2. 높이가 3.6 cm이고 넓이가 21.78 cm²인 삼각형이 있습니다. 이 삼각형의 밑변의 길이는 몇 cm일까요?

생각하며 푼다!

(삼각형의 넓이)=(밑변의 길이)×(높이)÷2이므로

(밑변의 길이)=(삼각형의 [   ])×[   ]÷([   ])입니다.

= [   ]×[   ]÷[   ]

= ___÷___ = [   ] (cm)입니다.

21.78 cm²
3.6 cm
■ cm

21.78=■×3.6÷2

답 _____

3. 윗변과 아랫변의 길이의 합이 15.7 cm이고 넓이가 48.67 cm²인 사다리꼴이 있습니다. 이 사다리꼴의 높이는 몇 cm일까요?

생각하며 푼다!

(사다리꼴의 넓이)
=((윗변의 길이)+(아랫변의 길이))×(높이)÷2이므로

(높이)=(사다리꼴의 [   ])×[   ]÷
     ((윗변의 길이)+(아랫변의 길이))

= [   ]×[   ]÷[   ]

= ___÷___ = [   ] (cm)입니다.

48.67 cm² ■ cm

48.67=15.7×■÷2

답 _____

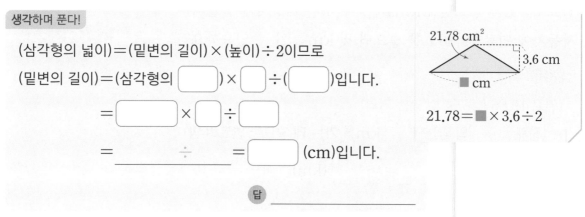

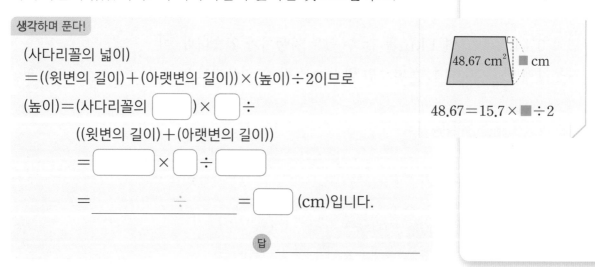

1. 지효는 3.25 km를 걷는 데 1.3시간이 걸렸습니다. 같은 빠르기로 2시간 12분 동안 몇 km를 걸을 수 있을까요?

생각하며 푼다!

(1시간 동안 걸을 수 있는 거리)
= (걸은 거리) ÷ (걸린 시간)
= ☐ ÷ ☐ = ☐ (km)

2시간 12분 = $2\dfrac{\boxed{}}{60}$ 시간 = $2\dfrac{\boxed{}}{10}$ 시간 = ☐ 시간 (소수)

(2시간 12분 동안 걸을 수 있는 거리)
= (1시간 동안 걸을 수 있는 거리) × (걸린 시간)
= ☐ × ☐ = ☐ (km)

답 _____

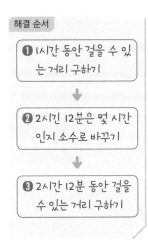

해결 순서

❶ 1시간 동안 걸을 수 있는 거리 구하기
↓
❷ 2시간 12분은 몇 시간인지 소수로 바꾸기
↓
❸ 2시간 12분 동안 걸을 수 있는 거리 구하기

2. 준기는 7.28 km를 걷는 데 2.8시간이 걸렸습니다. 같은 빠르기로 1시간 45분 동안 몇 km를 걸을 수 있을까요?

생각하며 푼다!

(1시간 동안 걸을 수 있는 거리)
= (걸은 ☐) ÷ (걸린 ☐)
= _____ (km)

1시간 45분 = $1\dfrac{\boxed{}}{60}$ 시간 = $1\dfrac{\boxed{}}{4}$ 시간 = ☐ 시간 (소수)

(1시간 45분 동안 걸을 수 있는 거리)
= (_____) × (걸린 시간)
= _____ (km)

답 _____

분수를 소수로 나타낼 때 기억해 두면 좋아요.
$\frac{1}{4}$=0.25, $\frac{3}{4}$=0.75,
$\frac{1}{8}$=0.125, $\frac{3}{8}$=0.375,
$\frac{5}{8}$=0.625, $\frac{7}{8}$=0.875

1. 12÷2.4를 120÷24를 이용하여 계산하세요.

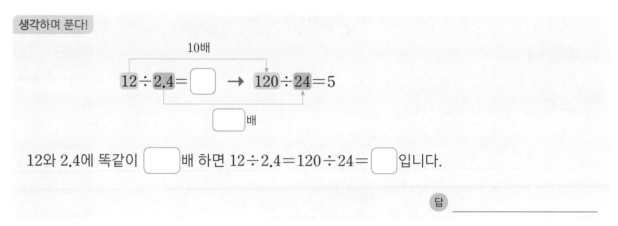

생각하며 푼다!

12와 2.4에 똑같이 ▢ 배 하면 12÷2.4=120÷24=▢ 입니다.

답 _____

2. 10÷1.25를 세로로 계산하세요.

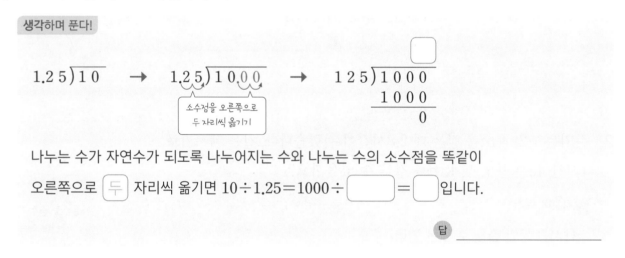

생각하며 푼다!

나누는 수가 자연수가 되도록 나누어지는 수와 나누는 수의 소수점을 똑같이

오른쪽으로 두 자리씩 옮기면 10÷1.25=1000÷▢=▢ 입니다.

답 _____

3. 6 m를 0.4 m씩 자르면 몇 도막이 되는지 분수의 나눗셈으로 구하세요.

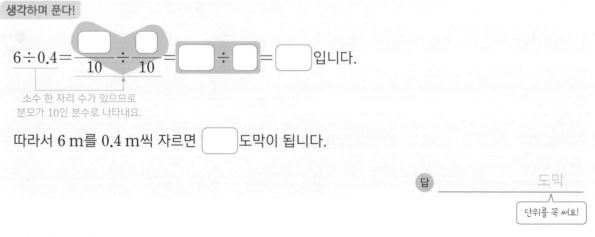

따라서 6 m를 0.4 m씩 자르면 ▢ 도막이 됩니다.

답 _____ 도막

단위를 꼭 써요!

1. 길이가 ⑳m인 통나무를 ⓪.⑧m씩 자르려고 합니다. <u>모두 몇 번 잘라야 할까요?</u>

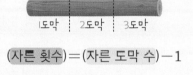

문제에서 숫자는 ○,
조건 또는 구하는 것은 ___로
표시해 보세요.

(자른 횟수)＝(자른 도막 수)−1

생각하며 푼다!

(자른 도막 수)＝(전체 통나무의 길이)÷(한 도막의 길이)

$$=\boxed{}\div\boxed{}=\boxed{}\text{(도막)}$$

(자른 횟수)＝(자른 도막 수)−1

$$=\boxed{}-1=\boxed{}\text{(번)}$$

답 _____

2. 길이가 69 cm인 가래떡을 4.6 cm씩 자르려고 합니다. 모두 몇 번 잘라야 할까요?

생각하며 푼다!

(자른 도막 수)＝(전체 가래떡의 길이)÷(한 도막의 길이)

$$=\underline{}=\boxed{}\text{(도막)}$$

(자른 횟수)＝(자른 도막 수)−$\boxed{}$

$$=\boxed{}-\boxed{}=\boxed{}\text{(번)}$$

답 _____

3. 길이가 45 m인 철근을 1.25 m씩 자르려고 합니다. 모두 몇 번 잘라야 할까요?

생각하며 푼다!

답 _____

1. 길이가 76 m인 도로 한쪽에 9.5 m 간격으로 처음부터 끝까지 가로등을 세웠습니다. 도로 한쪽에 세운 가로등은 모두 몇 개일까요? (단, 가로등의 두께는 생각하지 않습니다.)

문제에서 숫자는 ◯,
조건 또는 구하는 것은 ＿＿로
표시해 보세요.

생각하며 푼다!

(가로등 사이의 간격 수)＝(도로의 길이)÷(가로등 사이의 간격)

$$=\boxed{}÷\boxed{}=\boxed{}\text{(군데)}$$

(도로 한쪽에 세운 가로등 수)＝(가로등 사이의 간격 수)＋1

$$=\boxed{}+1=\boxed{}\text{(개)}$$

답 _____

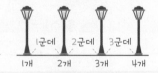

직선 도로에 처음부터 끝까지 가로등을 세울 때

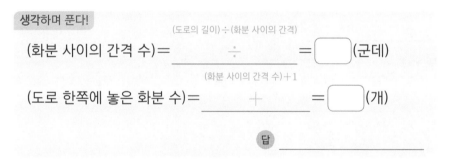

1군데   2군데   3군데
1개   2개   3개   4개

• 간격 수: 3군데
• 가로등 수: 4개

(필요한 가로등 수)
＝(가로등 사이의 간격 수)
＋1

2. 길이가 72 m인 도로 한쪽에 2.25 m 간격으로 처음부터 끝까지 화분을 놓았습니다. 도로 한쪽에 놓은 화분은 모두 몇 개일까요? (단, 화분의 두께는 생각하지 않습니다.)

생각하며 푼다!

(화분 사이의 간격 수)＝ $\dfrac{\text{(도로의 길이)÷(화분 사이의 간격)}}{}$ ÷ ＝$\boxed{}$(군데)

(도로 한쪽에 놓은 화분 수)＝ $\dfrac{\text{(화분 사이의 간격 수)＋1}}{}$ ＋ ＝$\boxed{}$(개)

답 _____

3. 길이가 221 m인 도로 한쪽에 3.4 m 간격으로 처음부터 끝까지 나무를 심었습니다. 도로 한쪽에 심은 나무는 모두 몇 그루일까요? (단, 나무의 두께는 생각하지 않습니다.)

풀이를 완성해요.

생각하며 푼다!

(나무 사이의 간격 수)＝(도로의 길이)÷(나무 사이의 간격)

답 _____

10. 몫의 반올림과 남은 양을 구하는 문장제

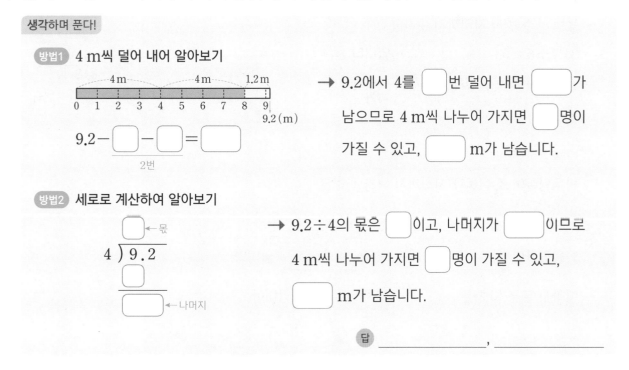

구하려는 자리 바로 아래 자리의 숫자가 5 미만이면 버리고, 5 이상이면 올리는 방법

1. 5는 3의 몇 배인지 반올림하여 일의 자리까지 나타내세요.

생각하며 푼다!

$5 \div 3 = 1.$ ◻ ······에서 몫의 소수 첫째 자리 숫자가 ◻이므로

반올림하여 일의 자리까지 나타내면 ◻입니다.

따라서 5는 3의 몇 배인지 반올림하여 일의 자리까지 나타내면 ◻배입니다.

답 _____ 배

단위를 꼭 써요!

2. 2는 7의 몇 배인지 반올림하여 소수 첫째 자리까지 나타내세요.

생각하며 푼다!

$2 \div 7 = 0.$ ◻◻ ······에서 몫의 소수 ◻ 자리 숫자가 ◻이므로

반올림하여 소수 첫째 자리까지 나타내면 ◻입니다.

따라서 2는 7의 몇 배인지 반올림하여 소수 첫째 자리까지 나타내면 ◻배입니다.

답 _____

3. 끈 9.2 m를 4 m씩 나누어 가지면 몇 명이 가질 수 있고, 몇 m가 남는지 구하세요.

생각하며 푼다!

방법1 4 m씩 덜어 내어 알아보기

→ 9.2에서 4를 ◻번 덜어 내면 ◻가 남으므로 4 m씩 나누어 가지면 ◻명이 가질 수 있고, ◻ m가 남습니다.

$9.2 - $ ◻ $- $ ◻ $= $ ◻
2번

방법2 세로로 계산하여 알아보기

◻ ←몫
4) 9.2
◻
─────
◻ ←나머지

→ 9.2÷4의 몫은 ◻이고, 나머지가 ◻이므로 4 m씩 나누어 가지면 ◻명이 가질 수 있고, ◻ m가 남습니다.

답 _____, _____

↱ 소수 둘째 자리 숫자를 확인해요.

1. 41÷3의 몫을 반올림하여 소수 첫째 자리까지 나타낸 값과 소수

둘째 자리까지 나타낸 값의 차를 구하세요.

↳ 소수 셋째 자리 숫자를 확인해요.

생각하며 푼다!

몫을 소수 셋째 자리까지 구하면

41÷3=13. □□□ ……입니다.

반올림하여 소수 첫째 자리까지 나타낸 값은 몫의 소수 둘째 자리

숫자가 □ 이므로 13. □□ …… → 13. □ 이고,

반올림하여 소수 둘째 자리까지 나타낸 값은 몫의 소수 □째 자리

숫자가 □ 이므로 13. □□□ …… → 13. □□ 입니다.

따라서 두 값의 차는 □ − □ = □ 입니다.

답 _____

> ✏ 몫을 소수 셋째 자리까지
>   구해 봐요.
>
> $$3\overline{)41}$$
> $$3$$
> $$11$$

2. 31.7÷6의 몫을 반올림하여 소수 첫째 자리까지 나타낸 값과 소

수 둘째 자리까지 나타낸 값의 차를 구하세요.

생각하며 푼다!

몫을 소수 셋째 자리까지 구하면

31.7÷6=5. □□□ ……입니다.

반올림하여 소수 첫째 자리까지 나타낸 값은

몫의 _____ 이므로

반올림하면 _____ …… → _____ 이고,

반올림하여 소수 둘째 자리까지 나타낸 값은

몫의 _____ 이므로

반올림하면 _____ …… → _____ 입니다.

따라서 두 값의 차는 _____ 입니다.

답 _____

> ✏ 몫을 소수 셋째 자리까지
>   구해 봐요.
>
> $$6\overline{)31.7}$$

1. 몫의 소수 10째 자리 숫자는 얼마인지 구하세요.

$$6.2 \div 3$$

생각하며 푼다!

$6.2 \div 3 = 2.$ ☐☐☐☐ ……이므로 몫의 소수 둘째 자리부터

숫자 ☐ 이 반복됩니다.

따라서 몫의 소수 10째 자리 숫자는 ☐ 입니다.

답 ＿＿＿＿＿＿＿＿＿＿

2. 몫의 소수 23째 자리 숫자는 얼마인지 구하세요.

$$4 \div 11$$

생각하며 푼다!

$4 \div 11 = 0.$ ☐☐☐☐ ……이므로 몫의 소수 첫째 자리부터

두 숫자 ☐ , ☐ 이 반복됩니다.

따라서 몫의 소수 23째 자리 숫자는 두 숫자 ☐ , ☐ 이 반복되는

홀수 번째 자리 숫자이므로 ☐ 입니다.

답 ＿＿＿＿＿＿＿＿＿＿

$4 \div 11 = 0.\underline{36}\,\underline{36}\,\underline{36}\cdots\cdots$
└─ 2개의 숫자가 반복

2개의 숫자가 반복될 경우
소수점 아래 자릿수가
홀수 번째이면 3이고,
짝수 번째이면 6입니다.

3. 몫의 소수 20째 자리 숫자는 얼마인지 구하세요.

$$16 \div 11$$

생각하며 푼다!

답 ＿＿＿＿＿＿＿＿＿＿

몫의 소수점 아래
반복되는 숫자를
찾는 것이 중요해요.

문제에서 숫자는 ◯,
조건 또는 구하는 것은 ___로
표시해 보세요.

1. 주스 ③④L를 ⑦명이 똑같이 나누어 마시려고 합니다. <u>한 명이 몇 L씩 마시면 되는지 반올림하여 소수 둘째 자리까지 나타내세요.</u>

↳ 소수 셋째 자리 숫자를 확인해요.

소수의 나눗셈의 몫이
나누어떨어지지 않을
때 구하려는 자리의
바로 아래 자리까지만
구하면 돼요.

생각하며 푼다!

(한 명이 마시는 주스의 양)
=(주스의 양)÷(사람 수)
= ☐ ÷ ☐ = ☐.☐☐☐ …… → ☐

따라서 한 명이 ☐ L씩 마시면 됩니다.

답 _____

2. 물이 1분에 0.7 L씩 나오는 수도로 13.9 L의 물을 받으려면 몇 분이 걸리는지 반올림하여 소수 둘째 자리까지 나타내세요.

생각하며 푼다!

(물을 받는 데 걸리는 시간)
=(받으려는 물의 양)÷(1분에 나오는 물의 양)
= ☐ ÷ ☐ = ☐☐.☐☐☐ …… → ☐

따라서 물을 받으려면 ☐ 분이 걸립니다.

답 _____

3. 1시간에 4.7 km씩 움직이는 로봇이 53.8 km를 움직이려면 몇 시간이 걸리는지 반올림하여 소수 첫째 자리까지 나타내세요.

생각하며 푼다!

답 _____

1. 쌀 38.6 kg을 한 봉지에 7 kg씩 나누어 담으려고 합니다. 몇 봉지에 나누어 담을 수 있고, 남는 쌀의 양은 몇 kg일까요?

생각하며 푼다!

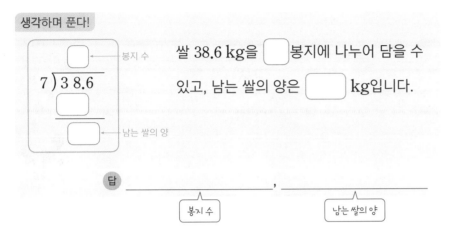

쌀 38.6 kg을 ☐ 봉지에 나누어 담을 수 있고, 남는 쌀의 양은 ☐ kg입니다.

답 _____ , _____
       봉지 수   남는 쌀의 양

담고, 묶고, 만들 수 있는 개수를 구할 땐 몫을 **자연수** 부분까지만 구해요.

2. 상자 한 개를 묶는 데 끈이 2 m씩 필요합니다. 끈 15.2 m로 몇 상자를 묶을 수 있고, 남는 끈의 길이는 몇 m일까요?

생각하며 푼다!

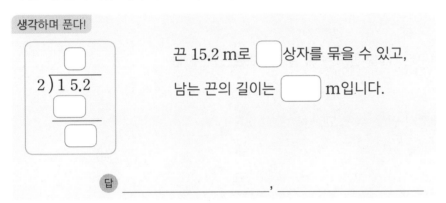

끈 15.2 m로 ☐ 상자를 묶을 수 있고, 남는 끈의 길이는 ☐ m입니다.

답 _____ , _____

3. 꽃 한 개를 만드는 데 리본 25 cm가 필요합니다. 리본 82.3 cm로 꽃 몇 개를 만들 수 있고, 남는 리본의 길이는 몇 cm일까요?

생각하며 푼다!

답 _____ , _____

앗! 실수
남는 리본의 길이는 꽃 한 개를 만드는 데 필요한 리본의 길이보다 짧아야 해요.

1. 고구마 47.5 kg을 한 상자에 5 kg씩 담아서 팔려고 합니다. 고구마를 몇 상자까지 팔 수 있고, 남는 고구마는 몇 kg일까요?

생각하며 푼다!

(전체 고구마의 무게) ÷ (한 상자에 담는 고구마의 무게)

= ☐ ÷ ☐ = ☐ ⋯ ☐

따라서 고구마를 ☐ 상자까지 팔 수 있고, 남는 고구마는

☐ kg입니다.

답 _____ , _____

2. 쿠키 1개를 만드는 데 초콜릿 6 g이 필요합니다. 초콜릿 110.5 g으로 쿠키를 몇 개까지 만들 수 있고, 남는 초콜릿은 몇 g일까요?

생각하며 푼다!

(전체 초콜릿의 무게) ÷ (쿠키 1개를 만드는 데 필요한 초콜릿의 무게)

= ☐ ÷ ☐ = ☐ ⋯ ☐

따라서 쿠키를 ☐ 개까지 만들 수 있고, 남는 초콜릿은 ☐ g입니다.

답 _____ , _____

3. 토마토 78.6 kg을 한 상자에 4 kg씩 담아서 팔려고 합니다. 토마토를 몇 상자까지 팔 수 있고, 남는 토마토는 몇 kg일까요?

생각하며 푼다!

답 _____ , _____

문제에서 숫자는 ◯, 조건 또는 구하는 것은 ___로 표시해 보세요.

몇 상자까지 팔 수 있는지를 구할 때 몫을 자연수 부분까지 구한 후 남은 수를 버려요.

몫: 토마토를 담은 상자 수
  ↳ 자연수
나머지: 남는 토마토의 양

1. 57.4 L의 물을 한 병에 2 L씩 담으려고 합니다. 물을 모두 담으려면 병은 적어도 몇 개 필요할까요?

> **생각하며 푼다!**
>
> (전체 물의 양)÷(한 병에 담을 수 있는 물의 양)
>
> = ⬜ ÷ ⬜ = ⬜ … ⬜
>
> 따라서 물을 ⬜개의 병에 담고 남는 물 ⬜ L도 담아야 하므로 병은 적어도 ⬜+1= ⬜ (개) 필요합니다.
>
> 답 _____

적어도 얼마인지를 구할 땐 몫을 **자연수 부분**까지 구한 후 남은 수를 올려야 하므로 1을 더해 줘요.
→ (몫의 자연수 부분)+1

2. 욕조에 물이 38.2 L 들어 있습니다. 들이가 3 L인 그릇으로 물을 남김없이 퍼내려면 적어도 몇 번 퍼내야 할까요?

> **생각하며 푼다!**
>
> (욕조에 들어 있는 물의 양)÷(그릇의 들이)
>
> = ⬜ ÷ ⬜ = ⬜ … ⬜
>
> 따라서 물을 ⬜번 퍼내고 남는 물 ⬜ L도 퍼내야 하므로 적어도 _____ = ⬜ (번) 퍼내야 합니다.
>
> 답 _____

3. 쌀 130.6 kg을 한 자루에 8 kg씩 담으려고 합니다. 쌀을 모두 담으려면 자루는 적어도 몇 개 필요할까요?

> **생각하며 푼다!**
>
>
>
>
>
> 답 _____

↱■라 하고 식을 써요.

1. 어떤 수에 ⟨1.29⟩를 곱했더니 ⟨10.32⟩가 되었습니다. 어떤 수는 얼마일까요?

문제에서 숫자는 ◯,
조건 또는 구하는 것은 ____로
표시해 보세요.

생각하며 푼다!

어떤 수를 ■라 하면 ■ × ☐ = ☐,

■ = ☐ ÷ ☐ = ☐ 입니다.

따라서 어떤 수는 ☐ 입니다. 답 _____

2. 6.2에 어떤 수를 곱했더니 14.26이 되었습니다. 어떤 수는 얼마일까요?

생각하며 푼다!

어떤 수를 ■라 하면 _____ = ☐,

■ = _____ = ☐ 입니다.

따라서 어떤 수는 ☐ 입니다. 답 _____

3. 14를 어떤 수로 나누었더니 2.8이 되었습니다. 어떤 수는 얼마일까요?

생각하며 푼다!

어떤 수를 ■라 하면 ☐ ÷ ■ = ☐,

■ = ☐ ÷ ☐ = ☐ 입니다.

따라서 어떤 수는 ☐ 입니다. 답 _____

4. 96을 어떤 수로 나누었더니 6.4가 되었습니다. 어떤 수는 얼마일까요?

생각하며 푼다!

답 _____

1. □ 안에 들어갈 수 있는 자연수는 모두 몇 개인지 구하세요.

$$31.5 \div 4.5 < \square < 4.81 \div 0.37$$

생각하며 푼다!

$31.5 \div 4.5 = \boxed{}$, $4.81 \div 0.37 = \boxed{}$ 이므로

$\boxed{} < \square < \boxed{}$ 입니다.

따라서 □ 안에 들어갈 수 있는 자연수는 $\boxed{}$, $\boxed{}$, $\boxed{}$, $\boxed{}$,

$\boxed{}$ 로 모두 $\boxed{}$ 개입니다.

답 _____

2. □ 안에 들어갈 수 있는 자연수는 모두 몇 개인지 구하세요.

$$18 \div 1.5 < \square < 9.52 \div 0.56$$

생각하며 푼다!

$18 \div 1.5 = \boxed{}$, $9.52 \div 0.56 = \boxed{}$ 이므로

$\boxed{} < \square < \boxed{}$ 입니다.

따라서 □ 안에 들어갈 수 있는 자연수는 _____

으로 모두 $\boxed{}$ 개입니다.

답 _____

3. □ 안에 들어갈 수 있는 자연수는 모두 몇 개인지 구하세요.

$$9.66 \div 4.2 < \square < 13.28 \div 1.6$$

생각하며 푼다!

 답 _____

1. 어떤 수를 1.5로 나누어야 할 것을 잘못하여 곱하였더니 5.55가 되었습니다. 어떤 수를 바르게 계산하였을 때의 몫을 반올림하여 소수 첫째 자리까지 나타내세요.

↗바르게 계산한 식　　↗잘못 계산한 식

문제에서 숫자는 ◯,
조건 또는 구하는 것은 ___로
표시해 보세요.

생각하며 푼다!

어떤 수를 ■라 하면 ■×1.5=5.55에서　　　　←❶

■= ⬚ ÷ ⬚ = ⬚ 입니다.　　　　←❷

따라서 바르게 계산하면

> 소수 둘째 자리까지만 구해요.

⬚ ÷ ⬚ = ⬚ ……이므로　　　　←❸

몫을 반올림하여 소수 첫째 자리까지 나타내면 ⬚ 입니다. ←❹

답 _____

해결 순서

❶ 어떤 수를 ■라 하고 잘못 계산한 식 쓰기

↓

❷ 어떤 수 구하기

↓

❸ 바르게 계산한 몫을 소수 둘째 자리까지 구하기

↓

❹ ❸에서 구한 몫을 반올림하여 소수 첫째 자리까지 나타내기

2. 어떤 수를 2.1로 나누어야 할 것을 잘못하여 곱하였더니 18.9가 되었습니다. 어떤 수를 바르게 계산하였을 때의 몫을 반올림하여 소수 둘째 자리까지 나타내세요.

생각하며 푼다!

어떤 수를 ■라 하면 ■× ⬚ = ⬚ 에서

■= ⬚ ÷ ⬚ = ⬚ 입니다.

> 소수 셋째 자리까지만 구해요.

따라서 바르게 계산하면 _____ = ⬚ ……이므로

몫을 반올림하여 _____ 까지 나타내면 ⬚ 입니다.

답 _____

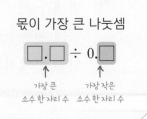

몫이 가장 큰 나눗셈

$$\boxed{}.\boxed{} \div 0.\boxed{}$$

↑ 가장 큰   ↑ 가장 작은
소수 한 자리 수   소수 한 자리 수

나누어지는 수는 가장 크고,
나누는 수는 가장 작은
식을 만들어요.

---

1. 수 카드 3장을 한 번씩 모두 사용하여 몫이 가장 큰 나눗셈식의 몫을 구하세요.

⑥ ④ ⑨ → $\boxed{}.\boxed{} \div 0.\boxed{}$

생각하며 푼다!

$\boxed{} > \boxed{} > \boxed{}$ 이므로 몫이 가장 크려면 나누어지는 수는

$\boxed{}.\boxed{}$ 이고 나누는 수는 $0.\boxed{}$ 이어야 합니다.

따라서 몫이 가장 큰 나눗셈식의 몫은

$\boxed{} \div \boxed{} = \boxed{}$ 입니다.   답 _____

2. 수 카드 3장을 한 번씩 모두 사용하여 몫이 가장 큰 나눗셈식의 몫을 구하세요.

③ ⑧ ⑦ → $\boxed{}\boxed{} \div 0.\boxed{}$

생각하며 푼다!

$\boxed{} > \boxed{} > \boxed{}$ 이므로 몫이 가장 크려면 나누어지는 수는

$\boxed{}$ 이고 나누는 수는 $\boxed{}.\boxed{}$ 이어야 합니다.

따라서 몫이 가장 큰 나눗셈식의 몫은 _____

입니다.

답 _____

3. 수 카드 3장을 한 번씩 모두 사용하여 몫이 가장 큰 나눗셈식의 몫을 구하세요.

⑧ ⑤ ⑨ → $\boxed{}\boxed{} \div 0.\boxed{}$

생각하며 푼다!

답 _____

문제에서 숫자는 ◯,
조건 또는 구하는 것은 _____로
표시해 보세요.

1. 번개가 친 곳에서 21 km 떨어진 곳에서는 번개가 친 지 약 1분 뒤에 천둥소리를 들을 수 있습니다. 번개가 친 곳에서 29 km 떨어진 곳에서는 번개가 친 지 몇 분 뒤에 천둥소리를 들을 수 있는지 반올림하여 소수 첫째 자리까지 나타내세요.

1분 뒤

21 km

생각하며 푼다!

$29 \div 21 = \boxed{}.\boxed{}\boxed{} \cdots$

소수 둘째 자리 숫자가 $\boxed{}$이므로 반올림하여 소수 첫째 자리까지

나타내면 $\boxed{}$입니다.

따라서 $\boxed{}$분 뒤에 천둥소리를 들을 수 있습니다.

답 _____

2. 번개가 친 곳에서 21 km 떨어진 곳에서는 번개가 친 지 약 1분 뒤에 천둥소리를 들을 수 있습니다. 번개가 친 곳에서 17 km 떨어진 곳에서는 번개가 친 지 몇 분 뒤에 천둥소리를 들을 수 있는지 반올림하여 소수 둘째 자리까지 나타내세요.

생각하며 푼다!

$\boxed{} \div \boxed{} = \boxed{}.\boxed{}\boxed{}\boxed{} \cdots$

소수 $\boxed{}$째 자리 숫자가 $\boxed{}$이므로 반올림하여 소수 둘째 자리까지 나타내면 $\boxed{}$입니다.

따라서 $\boxed{}$분 뒤에 천둥소리를 들을 수 있습니다.

답 _____

1번 문제와 구하는 것이 달라요. 구하는 것에 꼭 _____로 표시해 봐요.

1. 길이가 20 cm인 양초에 불을 붙이면 1분에 0.4 cm씩 탑니다.
6 cm 남을 때까지 태웠다면 양초를 태운 시간은 몇 분일까요?

생각하며 푼다!

(탄 양초의 길이)=(처음 양초의 길이)−(남은 양초의 길이)

= ☐ − ☐ = ☐ (cm)

(양초를 태우는 데 걸린 시간)

=(탄 양초의 길이)÷(1분에 타는 양초의 길이)

= ☐ ÷ ☐ = ☐ (분)

답 _____

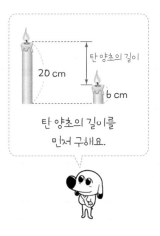

20 cm / 탄 양초의 길이 / 6 cm

탄 양초의 길이를 먼저 구해요.

2. 길이가 18.5 cm인 양초에 불을 붙이면 1분에 0.25 cm씩 탑니다.
6.5 cm 남을 때까지 태웠다면 양초를 태운 시간은 몇 분일까요?

생각하며 푼다!

(탄 양초의 길이)=(처음 양초의 길이)−(남은 양초의 길이)

= ☐ − ☐ = ☐ (cm)

(양초를 태우는 데 걸린 시간)

=(☐)÷(1분에 타는 양초의 길이)

= _____ = ☐ (분)

답 _____

해결 순서

❶ 탄 양초의 길이 구하기

↓

❷ 양초를 태우는 데 걸린 시간 구하기

3. 길이가 25.5 cm인 양초에 불을 붙이면 1분에 0.2 cm씩 탑니다.
14.5 cm 남을 때까지 태웠다면 양초를 태운 시간은 몇 분일까요?

생각하며 푼다!

답 _____

2. 소수의 나눗셈

1. 주황색 테이프의 길이는 34.8 cm이고 초록색 테이프의 길이는 8.7 cm입니다. 주황색 테이프의 길이는 초록색 테이프의 길이의 몇 배일까요?

( )

2. 물 13.2 L를 각각 수지는 1.65 L씩, 준서는 2.64 L씩 병에 담았습니다. 수지가 담은 병 수는 준서가 담은 병 수보다 몇 개 더 많은지 구하세요.

( )

3. 수민이는 4.48 km를 걷는 데 1.6시간이 걸렸습니다. 같은 빠르기로 2시간 15분 동안 몇 km를 걸을 수 있을까요? (30점)

( )

4. 길이가 18 m인 철근을 0.75 m씩 자르려고 합니다. 모두 몇 번 잘라야 할까요?

(20점)

( )

5. 물이 1분에 0.9 L씩 나오는 수도가 있습니다. 이 수도로 22.3 L의 물을 받으려면 몇 분이 걸리는지 반올림하여 소수 첫째 자리까지 나타내세요.

( )

6. 설탕 17.3 kg을 한 봉지에 2 kg씩 나누어 담으려고 합니다. 몇 봉지에 나누어 담을 수 있고, 남는 설탕은 몇 kg일까요?

( ), ( )

7. □ 안에 들어갈 수 있는 자연수는 모두 몇 개인지 구하세요.

$$24.42 \div 3.7 < \square < 53.36 \div 5.8$$

( )

셋째 마당

나 혼자 풀이 과정을 완성하는
공간과 입체

셋째 마당에서는 **공간과 입체를 활용한 문장제**를 배웁니다.

위, 앞, 옆에서 본 모양을 확인하고 각 층에 쌓인 쌓기나무의 개수를 세면

쌓기나무 몇 개로 쌓았는지 알 수 있어요.

쌓기나무를 어떻게 쌓아 만들었는지 생각하면서

쌓기나무에 대한 문장제를 해결해 보세요.

위, 앞, 옆에서 본 모양이 똑같아도 쌓은
쌓기나무 모양은 여러 가지가 나올 수 있어요.

12. 쌓기나무의 개수 구하는 문장제 (1)

1. 오른쪽은 쌓기나무로 쌓은 모양과 위에서 본 모양입니다.
   앞과 옆에서 본 모양을 각각 그리세요.

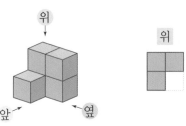

생각하며 푼다!

각 방향에서 각 줄의 가장 높은 층만큼 그립니다.

앞에서 본 모양은 왼쪽에서부터 ☐층, ☐층으로 보이도록 그립니다.

옆에서 본 모양은 왼쪽에서부터 ☐층, ☐층으로 보이도록 그립니다.

> 위에서 본 모양을 보면 뒤에 숨어 있는 쌓기나무가 있는지, 없는지 알 수 있어요.

앞   옆

답 _____

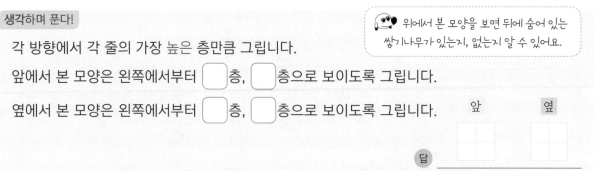

위에서 보면~
앞에서 보면~
옆에서 보면~

2. 오른쪽은 쌓기나무로 쌓은 모양과 위에서 본 모양입니다. 앞과 옆에서 본 모양을 각각 그리세요.

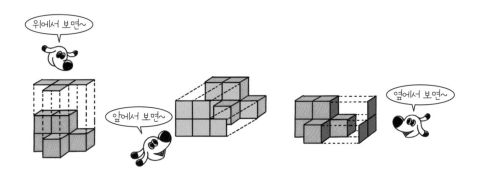

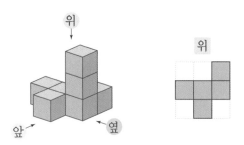

생각하며 푼다!

각 방향에서 각 줄의 가장 [높은] 층만큼 그립니다.

앞에서 본 모양은 왼쪽에서부터 ☐층, ☐층, ☐층으로 보이도록 그립니다.

옆에서 본 모양은 왼쪽에서부터

☐층, ☐층, ☐층으로 보이도록 그립니다.

앞   옆

답 _____

1. 오른쪽 쌓기나무로 쌓은 모양을 보고
   위에서 본 모양의 각 자리에 쌓은 쌓
   기나무의 개수를 써넣으세요.

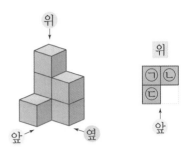

생각하며 푼다!

㉠에 쌓은 쌓기나무의 개수는 ☐ 개입니다.

㉡에 쌓은 쌓기나무의 개수는 ☐ 개입니다.

㉢에 쌓은 쌓기나무의 개수는 ☐ 개입니다.

위

답 _____

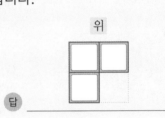
☀️ 위에서 본 모양의 각 자리의
위치를 생각해 봐요.

2. 오른쪽 쌓기나무로 쌓은 모양을 보
   고 위에서 본 모양의 각 자리에 쌓은
   쌓기나무의 개수를 써넣으세요.

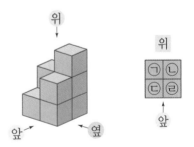

생각하며 푼다!

㉠에 쌓은 쌓기나무의 개수는 ☐ 개입니다.

㉡에 쌓은 쌓기나무의 개수는 ☐ 개입니다.

㉢에 쌓은 쌓기나무의 개수는 ☐ 개입니다.

㉣에 쌓은 쌓기나무의 개수는 ☐ 개입니다.

위

답 _____

☀️ 위에서 본 모양의 각 자리의
위치를 생각해 봐요.

1. 쌓기나무로 쌓은 모양과 위에서 본 모양에 기호를 써넣은 것입니다. 똑같은 모양으로 쌓는 데 필요한 쌓기나무는 몇 개일까요?

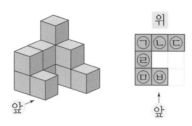

생각하며 푼다!

각 자리에 쌓여 있는 쌓기나무는 ㉠에 ☐ 개, ㉡에 ☐ 개,
㉢에 ☐ 개, ㉣에 ☐ 개, ㉤에 ☐ 개, ㉥에 ☐ 개입니다.
따라서 필요한 쌓기나무는

$$\underset{㉠}{\boxed{}}+\underset{㉡}{\boxed{}}+\underset{㉢}{\boxed{}}+\underset{㉣}{\boxed{}}+\underset{㉤}{\boxed{}}+\underset{㉥}{\boxed{}}=\boxed{}$$(개)입니다.

답 _____

2. 쌓기나무로 쌓은 모양과 위에서 본 모양에 기호를 써넣은 것입니다. 똑같은 모양으로 쌓는 데 필요한 쌓기나무는 몇 개일까요?

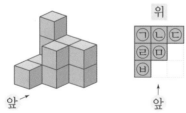

생각하며 푼다!

각 자리에 쌓여 있는 쌓기나무는 ㉠에 ☐ 개, ㉡에 ☐ 개,
㉢에 ☐ 개, ㉣에 ☐ 개, ㉤에 ☐ 개, ㉥에 ☐ 개입니다.
따라서 필요한 쌓기나무는

$$\underset{㉠}{}+\underset{㉡}{}+\underset{㉢}{}+\underset{㉣}{}+\underset{㉤}{}+\underset{㉥}{}=\boxed{}$$(개)입니다.

답 _____

1. 왼쪽 쌓기나무로 쌓은 모양에서 쌓기나무 몇 개를 빼내었더니 오른쪽과 같은 모양이 되었습니다. 빼낸 쌓기나무는 몇 개일까요?

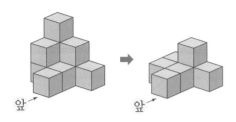

생각하며 푼다!

두 쌓기나무를 위에서 본 모양의 각 자리에 수를 쓰면

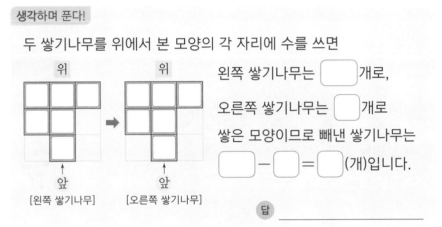

[왼쪽 쌓기나무]　　[오른쪽 쌓기나무]

왼쪽 쌓기나무는 ☐개로,

오른쪽 쌓기나무는 ☐개로

쌓은 모양이므로 빼낸 쌓기나무는

☐－☐＝☐(개)입니다.

답 _____

빼낸 쌓기나무 개수는 왼쪽 쌓기나무 개수와 오른쪽 쌓기나무 개수의 차와 같아요.

2. 왼쪽 쌓기나무로 쌓은 모양에서 쌓기나무 몇 개를 빼내었더니 오른쪽과 같은 모양이 되었습니다. 빼낸 쌓기나무는 몇 개일까요?

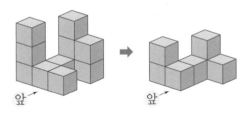

생각하며 푼다!

두 쌓기나무를 위에서 본 모양의 각 자리에 수를 쓰면

[왼쪽 쌓기나무]　　[오른쪽 쌓기나무]

왼쪽 쌓기나무는 ☐개로,

오른쪽 쌓기나무는 ☐개로

쌓은 모양이므로 빼낸 쌓기나무는

___＝☐(개)입니다.

답 _____

1. 오른쪽은 쌓기나무로 쌓은 모양을 보고 위에서 본 모양에 수를 쓴 것입니다. 앞에서 볼 때 보이는 쌓기나무는 몇 개일까요?

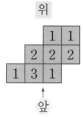

생각하며 푼다!

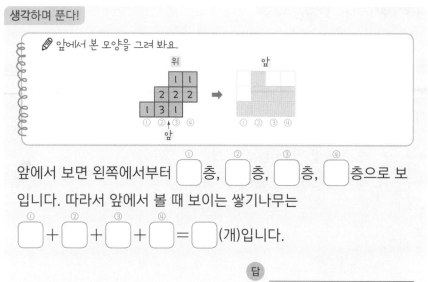

앞에서 보면 왼쪽에서부터 ◻층, ◻층, ◻층, ◻층으로 보입니다. 따라서 앞에서 볼 때 보이는 쌓기나무는

◻ + ◻ + ◻ + ◻ = ◻(개)입니다.

답 _____

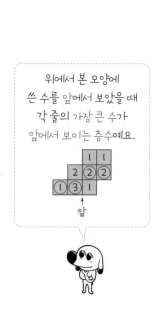

위에서 본 모양에 쓴 수를 앞에서 보았을 때 각 줄의 가장 큰 수가 앞에서 보이는 층수예요.

2. 오른쪽은 쌓기나무로 쌓은 모양을 보고 위에서 본 모양에 수를 쓴 것입니다. 앞에서 볼 때 보이는 쌓기나무는 몇 개일까요?

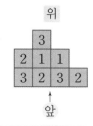

생각하며 푼다!

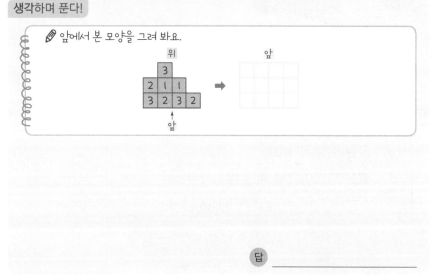

답 _____

1. 오른쪽은 쌓기나무로 쌓은 모양을 보고 위에서
본 모양에 수를 쓴 것입니다. 옆에서 볼 때 보이는
쌓기나무는 몇 개일까요?

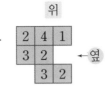

6학년 2학기

위에서 본 모양에
쓴 수를 옆에서 보았을 때
각 줄의 가장 큰 수가
옆에서 보이는 층수예요.

생각하며 푼다!

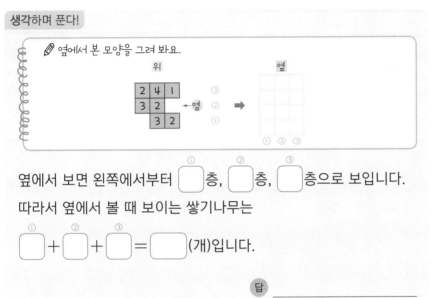

✏️ 옆에서 본 모양을 그려 봐요.

옆에서 보면 왼쪽에서부터 ☐층, ☐층, ☐층으로 보입니다.
따라서 옆에서 볼 때 보이는 쌓기나무는

①☐ + ②☐ + ③☐ = ☐ (개)입니다.

답 _____

2. 오른쪽은 쌓기나무로 쌓은 모양을 보고 위에서
본 모양에 수를 쓴 것입니다. 옆에서 볼 때 보이
는 쌓기나무는 몇 개일까요?

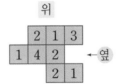

생각하며 푼다!

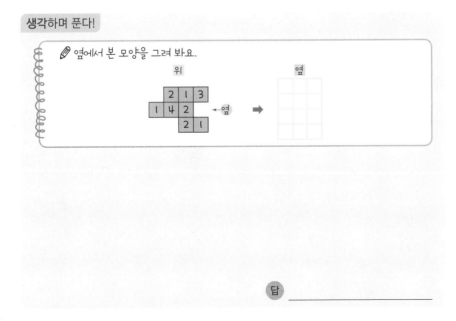

✏️ 옆에서 본 모양을 그려 봐요.

답 _____

1. 오른쪽은 쌓기나무로 쌓은 모양 을 층별로 나타낸 모양입니다. 똑같은 모양으로 쌓으려면 쌓기 나무는 몇 개 필요할까요?

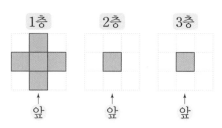

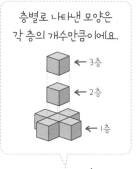

생각하며 푼다!

쌓기나무가 1층에 ▢개, 2층에 ▢개, 3층에 ▢개입니다.

따라서 쌓기나무는 ▢(1층) + ▢(2층) + ▢(3층) = ▢(개) 필요합니다.

답 _____

2. 오른쪽은 쌓기나무로 쌓은 모양 을 층별로 나타낸 모양입니다. 똑같은 모양으로 쌓으려면 쌓기 나무는 몇 개 필요할까요?

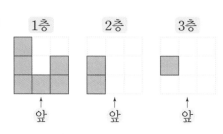

생각하며 푼다!

쌓기나무가 1층에 ▢개, 2층에 ▢개, 3층에 ▢개입니다.

따라서 쌓기나무는 ___(1층) + ___(2층) + ___(3층) = ▢(개) 필요합니다.

답 _____

3. 오른쪽은 쌓기나무로 쌓은 모양 을 층별로 나타낸 모양입니다. 똑같은 모양으로 쌓으려면 쌓기 나무는 몇 개 필요할까요?

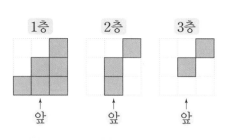

생각하며 푼다!

답 _____

층별로 나타낸 모양은 각 층의 개수만큼이에요.

1. 오른쪽은 쌓기나무로 쌓은 모양을 위, 앞, 옆에서 본 모양입니다. 똑같은 모양으로 쌓는 데 필요한 쌓기나무는 몇 개일까요?

생각하며 푼다!

앞에서 본 모양을 보면 쌓기나무가 ㉡과 ㉣에 각각 ☐개이고,

옆에서 본 모양을 보면 ㉠과 ㉤에 각각 ☐개, ㉢에 ☐개입니다.

따라서 필요한 쌓기나무는

☐ + ☐ + ☐ + ☐ + ☐ = ☐(개)입니다.

답 _____

✎ 위에서 본 모양의 각 자리에 쌓은 쌓기나무의 개수를 써 봐요.

위

2. 오른쪽은 쌓기나무로 쌓은 모양을 위, 앞, 옆에서 본 모양입니다. 똑같은 모양으로 쌓는 데 필요한 쌓기나무는 몇 개일까요?

생각하며 푼다!

앞에서 본 모양을 보면 쌓기나무가 ㉠에 ☐개이고,

㉡, ㉢, ㉣에 각각 1개 또는 ☐개입니다.

옆에서 본 모양을 보면 쌓기나무가 ㉡과 ㉢에 각각 ☐개이므로

㉣은 ☐개입니다.

따라서 필요한 쌓기나무는

_____ = ☐(개)입니다.

답 _____

✎ 위에서 본 모양의 각 자리에 쌓은 쌓기나무의 개수를 써 봐요.

위

1. 오른쪽은 쌓기나무로 쌓은 모양을 보고 위에서 본 모양에 수를 쓴 것입니다. 2층과 3층에 쌓은 쌓기나무는 모두 몇 개일까요?

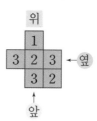

생각하며 푼다!

✏ 각 층의 쌓기나무가 쌓여 있는 칸에 모두 색칠해 봐요.

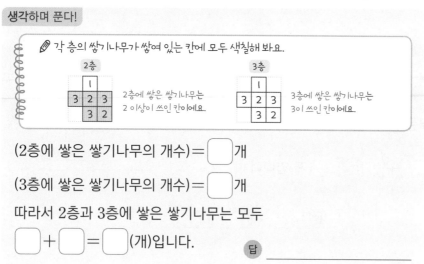

(2층에 쌓은 쌓기나무의 개수)=☐ 개

(3층에 쌓은 쌓기나무의 개수)=☐ 개

따라서 2층과 3층에 쌓은 쌓기나무는 모두

☐+☐=☐(개)입니다.　　　답 _____

2. 오른쪽은 쌓기나무로 쌓은 모양을 보고 위에서 본 모양에 수를 쓴 것입니다. 2층과 3층에 쌓은 쌓기나무는 모두 몇 개일까요?

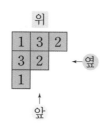

생각하며 푼다!

✏ 각 층의 쌓기나무가 쌓여 있는 칸에 모두 색칠해 봐요.

2층		
1	3	2
3	2	
1		

2 이상이 쓰인 칸에 색칠해요.

3층		
1	3	2
3	2	
1		

3이 쓰인 칸에 색칠해요.

답 _____

각 칸에 쓰인 숫자는 쌓여 있는 쌓기나무의 개수예요.
2층은 2 이상, 3층은 3 이상이 쓰인 칸을 찾으면 돼요.

1. 오른쪽과 같이 쌓은 모양에 쌓기나무를 몇 개 더 쌓아 가장 작은 직육면체 모양을 만들려고 합니다. 더 필요한 쌓기나무는 몇 개일까요?

주어진 모양에서 가장 많이 쌓은 가로, 세로, 높이가 각각 가장 작은 직육면체의 가로, 세로, 높이가 돼요.

생각하며 푼다!

만들 수 있는 가장 작은 직육면체는 가로, 세로, 높이에 쌓기나무를 각각 ☐개씩, ☐개씩, ☐개씩 쌓은 모양입니다.

(가장 작은 직육면체 모양을 만드는 데 필요한 쌓기나무 개수)
=(가로)×(세로)×(높이)
=☐×☐×☐=☐(개)

(주어진 모양에 있는 쌓기나무의 개수)=☐개

따라서 더 필요한 쌓기나무는 ☐-☐=☐(개)입니다.

🖊 가장 작은 직육면체 모양을 보고 더 필요한 쌓기나무에 빗금 쳐 봐요.

가장 작은 직육면체 모양

답 _____

2. 오른쪽과 같이 쌓은 모양에 쌓기나무를 몇 개 더 쌓아 가장 작은 직육면체 모양을 만들려고 합니다. 더 필요한 쌓기나무는 몇 개일까요?

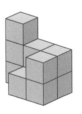

생각하며 푼다!

만들 수 있는 가장 작은 직육면체는 가로, 세로, 높이에 쌓기나무를 각각 ☐개씩, ☐개씩, ☐개씩 쌓은 모양입니다.

(가장 작은 직육면체 모양을 만드는 데 필요한 쌓기나무 개수)
=(가로)×(세로)×(높이)
= ___ × ___ × ___ =☐(개)

(주어진 모양에 있는 쌓기나무의 개수)=☐개

따라서 더 필요한 쌓기나무는 _____ =☐(개)입니다.

🖊 가장 작은 직육면체 모양을 보고 더 필요한 쌓기나무에 빗금 쳐 봐요.

가장 작은 직육면체 모양

답 _____

3. 공간과 입체

1. 쌓기나무로 쌓은 모양과 위에서 본 모양에 기호를 써넣은 것입니다. 똑같은 모양으로 쌓는 데 필요한 쌓기나무는 몇 개일까요?

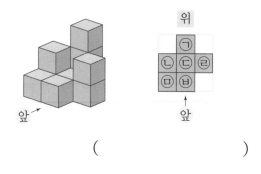

( )

2. 쌓기나무로 쌓은 모양을 보고 위에서 본 모양에 수를 쓴 것입니다. 옆에서 볼 때 보이는 쌓기나무는 몇 개일까요?

위
3	2
2	1	1
	1	2	3
←옆

( )

3. 왼쪽 쌓기나무로 쌓은 모양에서 쌓기나무 몇 개를 빼내었더니 오른쪽과 같은 모양이 되었습니다. 빼낸 쌓기나무는 몇 개일까요? (20점)

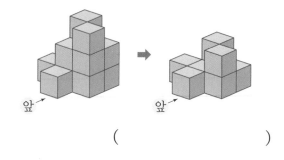

( )

4. 쌓기나무로 쌓은 모양을 보고 위에서 본 모양에 수를 쓴 것입니다. 2층과 3층에 쌓은 쌓기나무는 모두 몇 개일까요? (30점)

위
| | 1 | 3 |
| 3 | 2 | 2 |
| 2 |
←옆
↑
앞

( )

5. 다음과 같이 쌓은 모양에 쌓기나무를 몇 개 더 쌓아 가장 작은 직육면체 모양을 만들려고 합니다. 더 필요한 쌓기나무는 몇 개일까요? (30점)

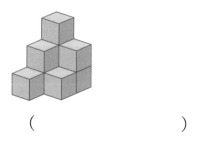

( )

넷째 마당

나 혼자 풀이 과정을 완성하는
비례식과 비례배분

넷째 마당에서는 **비례식과 비례배분을 활용한 문장제**를 배웁니다.

비례식은 비율이 같은 두 비를 기호 '='를 사용해 하나의 식으로 나타낸 것을 말해요.

1학기 때 배운 비와 비율을 잘 기억하면

비례식과 비례배분 문장제를 쉽게 해결할 수 있어요.

앞에 있으면 전(前)항, 뒤에 있으면 후(後)항! 바깥에 있으면 외(外)항, 안쪽에 있으면 내(內)항! 모두 0을 싫어해요.

14. 비의 성질을 활용하는 문장제

기호 : 뒤에 있는 수　기호 : 앞에 있는 수

1. 어떤 비의 후항은 6이고 전항은 후항보다 1 더 큽니다. 어떤 비를 구하세요.

> **생각하며 푼다!**
>
> 후항은 기호 : 뒤에 있는 수이므로 (전항) : ☐ 입니다.
>
> (전항)=(후항)+1=☐+1=☐ 입니다.
>
> 따라서 비는 ☐ : ☐ 입니다.

앞에 있으니 전항!　뒤에 있으니 후항!

前 : 後
앞 전　뒤 후

답 _____ : _____

기호를 꼭 써요!

2. 비의 성질을 이용하여 2 : 5와 비율이 같은 비를 2개 쓰세요.

↳ 비의 전항과 후항에 0이 아닌 같은 수를 곱하여도 비율은 같아요.

> **생각하며 푼다!**
>
> $2 : 5 \rightarrow (비율)=\dfrac{2}{5}$
>
> $2 : 5 \rightarrow (☐ \times 2) : (☐ \times 2) \rightarrow ☐ : ☐ \rightarrow (비율)=\dfrac{☐}{☐}=\dfrac{☐}{5}$
>
> $2 : 5 \rightarrow (☐ \times 3) : (☐ \times 3) \rightarrow ☐ : ☐ \rightarrow (비율)=\dfrac{☐}{☐}=\dfrac{☐}{5}$

답 _____, _____

3. 비의 성질을 이용하여 24 : 30과 비율이 같은 비를 2개 쓰세요.

↳ 비의 전항과 후항을 0이 아닌 같은 수로 나누어도 비율은 같아요.

> **생각하며 푼다!**
>
> $24 : 30 \rightarrow (비율)=\dfrac{☐}{☐}=\dfrac{☐}{5}$
>
> $24 : 30 \rightarrow (☐ \div 2) : (30 \div ☐) \rightarrow ☐ : ☐ \rightarrow (비율)=\dfrac{☐}{☐}=\dfrac{☐}{5}$
>
> $24 : 30 \rightarrow (☐ \div 3) : (☐ \div ☐) \rightarrow ☐ : ☐ \rightarrow (비율)=\dfrac{☐}{☐}=\dfrac{☐}{5}$

답 _____, _____

1. 바구니 한 개에 사과가 ②개, 귤이 ③개씩 있습니다. 바구니가 한 개일 때와 두 개일 때의 사과 수와 귤 수의 비율을 차례로 구하세요.

문제에서 숫자는 ◯,
조건 또는 구하는 것은 ____로
표시해 보세요.

생각하며 푼다!

바구니가 한 개일 때의 사과 수와 귤 수의 비는

(사과 수) : (귤 수) = ☐ : ☐ 이므로 비율은 ☐ 입니다.

바구니가 두 개일 때의 사과 수와 귤 수의 비는

↱ 상자 수 ↰
(사과 수)×2 : (귤 수)×2

➜ (☐×2) : (☐×2) ➜ ☐ : ☐ 이므로

비율은 $\frac{☐}{6}$ = ☐ 입니다.

답 _____, _____

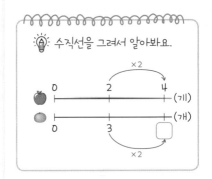

💡 수직선을 그려서 알아봐요.

전항과 후항에 0이 아닌
같은 수를 곱해도
비율은 같아요.

2. 상자 한 개에 도넛이 6개, 음료수가 1개씩 들어 있습니다. 상자가 한 개일 때와 세 개일 때의 도넛 수와 음료수 수의 비율을 차례로 구하세요.

생각하며 푼다!

상자가 한 개일 때의 도넛 수와 음료수 수의 비는

(도넛 수) : (음료수 수) = ☐ : ☐ 이므로 비율은 ☐ 입니다.

상자가 세 개일 때의 도넛 수와 음료수 수의 비는

↱ 상자 수 ↰
(도넛 수)×3 : (음료수 수)×☐

➜ (☐×3) : (☐×☐) ➜ ____ : ____ 이므로

비율은 $\frac{18}{☐}$ = ☐ 입니다.

답 _____, _____

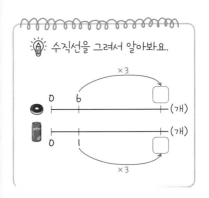

💡 수직선을 그려서 알아봐요.

1. □ : 15의 비율이 0.6일 때 □ 안에 알맞은 수를 구하세요.

   생각하며 푼다!

   □ : 15의 비율은 $\dfrac{□}{15}$ = ⬚ 입니다.

   따라서 □ = ⬚ × 15 = ⬚ 입니다.

   (전항) : (후항)의 비율은
   $\dfrac{(전항)}{(후항)}$입니다.

   답 _____

2. □ : 9의 비율이 $\dfrac{2}{3}$일 때 □ 안에 알맞은 수를 구하세요.

   생각하며 푼다!

   □ : 9의 비율은 $\dfrac{□}{9}$ = ⬚ 입니다.

   따라서 □ = ⬚ × ⬚ = ⬚ 입니다.

   답 _____

간단하게 생각해 봐요.

$\dfrac{□}{9} = \dfrac{2}{3}$ (×3)

3. 비율이 $\dfrac{1}{4}$인 비의 후항이 20일 때 전항을 구하세요.

   생각하며 푼다!

   전항을 □라 하면 □ : 20의 비율은 $\dfrac{□}{20}$ = ⬚ 입니다.

   따라서 □ = ⬚ × 20 = ⬚ 이므로 전항은 ⬚ 입니다.

   답 _____

간단하게 생각해 봐요.

$\dfrac{□}{20} = \dfrac{1}{4}$ (×5)

4. 비율이 1.5인 비의 후항이 4일 때 전항을 구하세요.

   생각하며 푼다!

   답 _____

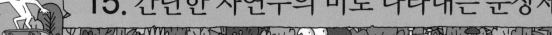
1. 16 : 28을 간단한 자연수의 비로 나타내세요.

생각하며 푼다!

전항과 후항을 16과 28의 공약수로 나눕니다.

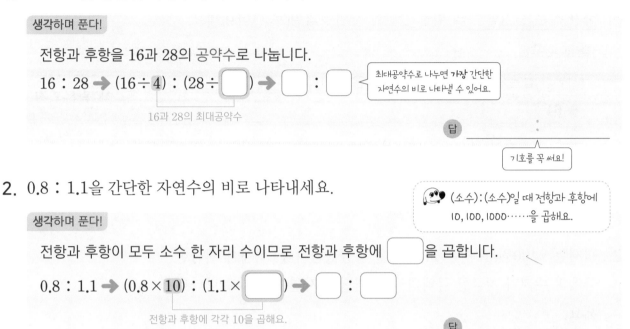

16 : 28 ➡ (16÷4) : (28÷☐) ➡ ☐ : ☐

16과 28의 최대공약수

최대공약수로 나누면 **가장** 간단한 자연수의 비로 나타낼 수 있어요.

답 _____

기호를 꼭 써요!

2. 0.8 : 1.1을 간단한 자연수의 비로 나타내세요.

(소수) : (소수)일 때 전항과 후항에 10, 100, 1000……을 곱해요.

생각하며 푼다!

전항과 후항이 모두 소수 한 자리 수이므로 전항과 후항에 ☐ 을 곱합니다.

0.8 : 1.1 ➡ (0.8×10) : (1.1×☐) ➡ ☐ : ☐

전항과 후항에 각각 10을 곱해요.

답 _____

3. $1\frac{1}{3}$: $\frac{5}{9}$ 를 간단한 자연수의 비로 나타내세요.

생각하며 푼다!

전항과 후항에 두 분모 3과 9의 공배수를 곱합니다.

최소공배수를 곱하면 **가장** 간단한 자연수의 비로 나타낼 수 있어요.

$1\frac{1}{3}$: $\frac{5}{9}$ ➡ $\frac{4}{3}$: ☐ ➡ (☐×9) : (☐×☐) ➡ ☐ : ☐

대분수 → 가분수

두 분모 3과 9의 최소공배수

답 _____

4. $\frac{3}{5}$: 1.5를 간단한 자연수의 비로 나타내세요.

1.5를 분수로 바꿔 간단한 자연수의 비로 나타낼 수도 있어요.

생각하며 푼다!

$\frac{3}{5}$ 을 소수로 바꾸면 $\frac{3}{5}=\frac{☐}{10}=$ ☐ 이므로 ☐ : 1.5입니다.

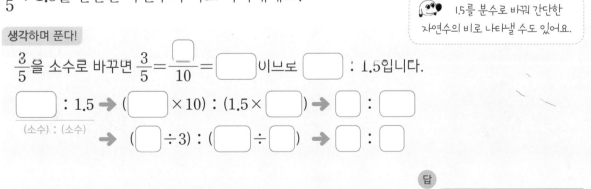

☐ : 1.5 ➡ (☐×10) : (1.5×☐) ➡ ☐ : ☐

(소수) : (소수)

➡ (☐÷3) : (☐÷☐) ➡ ☐ : ☐

답 _____

1. 지유와 성하가 접은 종이학 수의 비는 ⟨64 : 88⟩입니다. 지유와 성하가 접은 종이학 수의 비를 간단한 자연수의 비로 나타내세요.

문제에서 비 또는 숫자는 ◯, 조건 또는 구하는 것은 ____로 표시해 보세요.

생각하며 푼다!

(지유가 접은 종이학 수) : (성하가 접은 종이학 수)

➡ 64 : ☐

➡ (☐ ÷ 8) : (☐ ÷ ☐)

➡ ☐ : ☐

답 _____

전항과 후항을 **최대공약수**로 나누어 간단한 자연수의 비로 나타내어 봐요.

2. 희재는 2400원, 수지는 3000원을 저금했습니다. 희재가 저금한 금액과 수지가 저금한 금액의 비를 간단한 자연수의 비로 나타내세요.

생각하며 푼다!

(희재의 저금액) : (☐의 저금액)

➡ ☐ : ☐

➡ (☐ ÷ 600) : (☐ ÷ ☐)

➡ ☐ : ☐

답 _____

3. 명호네 학교 6학년 전체 학생은 180명이고 이 중 여학생은 95명입니다. 6학년 전체 학생 수와 남학생 수의 비를 간단한 자연수의 비로 나타내세요.

생각하며 푼다!

답 _____

앗! 실수
남학생 수를 먼저 구해야 해요.

1. 지혁이와 아버지의 몸무게의 비는 42.5 : 73.5입니다. 지혁이와 아버지의 몸무게의 비를 간단한 자연수의 비로 나타내세요.

전항과 후항에 10을 곱해요.

생각하며 푼다!

(지혁이의 몸무게) : (아버지의 몸무게)

→ [　] : [　] → ([　] × 10) : ([　] × [　])

→ [　] : [　] → ([　] ÷ 5) : ([　] ÷ [　])

→ [　] : [　]

답 _____

2. 밑변의 길이가 6 m이고 높이가 3.9 m인 평행사변형이 있습니다. 이 평행사변형의 밑변의 길이와 높이의 비를 간단한 자연수의 비로 나타내세요.

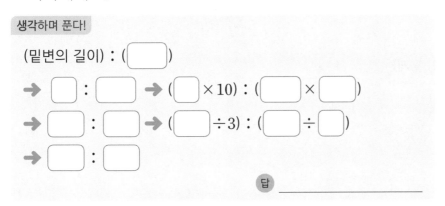

생각하며 푼다!

(밑변의 길이) : ([　])

→ [　] : [　] → ([　] × 10) : ([　] × [　])

→ [　] : [　] → ([　] ÷ 3) : ([　] ÷ [　])

→ [　] : [　]

답 _____

3. 매실액 1.4 L에 물 5 L를 넣어 매실 주스를 만들었습니다. 매실액의 양과 물의 양의 비를 간단한 자연수의 비로 나타내세요.

생각하며 푼다!

답 _____

1. 숙제를 하는 데 민휘는 $\dfrac{1}{3}$ 시간, 지수는 $\dfrac{5}{12}$ 시간이 걸렸습니다. 민휘와 지수가 숙제를 한 시간의 비를 간단한 자연수의 비로 나타내세요.

생각하며 푼다!

(민휘가 숙제를 한 시간) : (지수가 숙제를 한 시간)

➡ ☐ : ☐ ➡ (☐ × 12) : (☐ × ☐)

➡ ☐ : ☐

답 _____

2. 참외의 무게는 $\dfrac{1}{2}$ kg이고, 망고의 무게는 $\dfrac{3}{7}$ kg입니다. 참외의 무게와 망고의 무게의 비를 간단한 자연수의 비로 나타내세요.

생각하며 푼다!

(참외의 무게) : (망고의 무게)

➡ ☐ : ☐ ➡ (☐ × 14) : (____ × ____)

➡ ☐ : ☐

답 _____

3. 물을 수호는 $1\dfrac{2}{3}$ L, 윤지는 $1\dfrac{1}{2}$ L 마셨습니다. 수호가 마신 물과 윤지가 마신 물의 양의 비를 간단한 자연수의 비로 나타내세요.

생각하며 푼다!

답 _____

문제에서 숫자는 ◯, 조건 또는 구하는 것은 ___로 표시해 보세요.

앗! 실수

대분수는 가분수로 바꾼 다음 자연수의 비로 나타내야 해요.

1. 세로가 같은 두 직사각형 가와 나의 가로의 비와 넓이의 비를 각각 간단한 자연수의 비로 나타내세요.

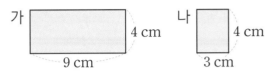

가 4 cm 나 4 cm
9 cm 3 cm

생각하며 푼다!

(가의 가로) : (나의 가로)

→ 9 : ☐ → (☐÷☐) : (☐÷☐) → ☐ : ☐

(가의 넓이) = ☐ⁿ × ☐ⁿ = ☐ (cm²)
           가로   세로

(나의 넓이) = ☐ⁿ × ☐ⁿ = ☐ (cm²)
           가로   세로

(가의 넓이) : (나의 넓이)

→ ☐ : ☐ → (☐÷12) : (☐÷☐)

→ ☐ : ☐   답 _____, _____
                    가로의 비   넓이의 비

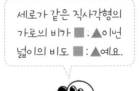

세로가 같은 직사각형의 가로의 비가 ■ : ▲이면 넓이의 비도 ■ : ▲예요.

2. 두 정사각형 가와 나의 한 변의 길이의 비와 넓이의 비를 각각 간단한 자연수의 비로 나타내세요.

가 8 cm 나 6 cm

생각하며 푼다!

(가의 한 변의 길이) : (나의 한 변의 길이)

→ 8 : ☐ → (☐÷2) : (☐÷☐) → ☐ : ☐

(가의 넓이) = ___8 × 8___ = ☐ (cm²)

(나의 넓이) = ___ × ___ = ☐ (cm²)

(가의 넓이) : (나의 넓이)

→ ☐ : ☐ → (☐÷4) : (☐÷☐)

→ ☐ : ☐   답 _____, _____
                    한 변의 길이의 비   넓이의 비

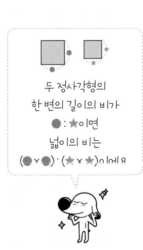

두 정사각형의 한 변의 길이의 비가 ● : ★이면 넓이의 비는 (● × ●) : (★ × ★)이에요.

1. 일정한 빠르기로 똑같은 책 한 권을 읽는 데 지우는 4시간, 수아는 3시간이 걸렸습니다. 지우와 수아가 각각 한 시간 동안 읽은 책의 양의 비를 간단한 자연수의 비로 나타내세요.

문제에서 숫자는 ◯,
조건 또는 구하는 것은 ____로
표시해 보세요.

생각하며 푼다!

한 시간 동안 책을 지우는 전체의 $\dfrac{1}{\boxed{}}$, 수아는 전체의 $\dfrac{1}{\boxed{}}$ 만큼 읽었습니다.

(지우가 한 시간 동안 읽은 책의 양)
: (수아가 한 시간 동안 읽은 책의 양)

→ $\boxed{}$: $\boxed{}$

→ $\left(\boxed{} \times 12\right)$: $\left(\boxed{} \times \boxed{}\right)$

→ $\boxed{}$: $\boxed{}$

답 _____

2. 일정한 빠르기로 똑같은 일을 하는 데 경수는 6시간, 민지는 7시간이 걸렸습니다. 경수와 민지가 각각 한 시간 동안 일한 양의 비를 간단한 자연수의 비로 나타내세요.

$\dfrac{1}{\bullet} : \dfrac{1}{\blacktriangle} \rightarrow \blacktriangle : \bullet$

생각하며 푼다!

한 시간 동안 일을 경수는 전체의 $\dfrac{1}{\boxed{}}$, 민지는 전체의 $\boxed{}$ 만큼 했습니다.

(경수가 한 시간 동안 일한 양) : (민지가 한 시간 동안 일한 양)

→ $\boxed{}$: $\boxed{}$

→ $\left(\boxed{} \times 42\right)$: $\left(\underline{} \times \right)$

→ $\boxed{}$: $\boxed{}$

답 _____

16. 비례식의 성질을 활용하는 문장제

1. 4 : 5와 20 : 25의 비율을 비교하세요.

생각하며 푼다!

4 : 5의 비율은 $\dfrac{\Box}{\Box}$ 이고 20 : 25의 비율은 $\dfrac{\Box}{25}=\dfrac{\Box}{5}$ 입니다.

따라서 4 : 5와 20 : 25의 비율은 ___같습니다___ .   답 _____

비율이 같은 두 비를 기호 '='로 나타낸 식이 비례식이에요!

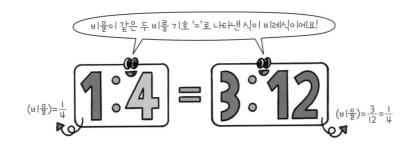

(비율)=$\frac{1}{4}$ **1 : 4 = 3 : 12**   (비율)=$\frac{3}{12}=\frac{1}{4}$

2. 비례식에서 외항과 내항을 각각 구하세요.

$$2 : 5 = 14 : 35$$

생각하며 푼다!

비례식에서 $\Box$ 은 바깥쪽에 있는 두 수로 2 , $\Box$ 이고, $\Box$ 은 안쪽에 있는 두 수로

$\Box$, $\Box$ 입니다.   답 외항: _____ , 내항: _____

3. 비례식에서 외항의 곱과 내항의 곱을 비교하세요.

$$3 : 8 = 9 : 24$$

생각하며 푼다!

외항은 $\Box$, $\Box$ 이므로 외항의 곱은 $\Box \times \Box = \Box$ 입니다.

내항은 $\Box$, $\Box$ 이므로 내항의 곱은 $\Box \times \Box = \Box$ 입니다.

외항의 곱   내항의 곱

따라서 $\Box$ $\bigcirc$ $\Box$ 이므로 외항의 곱과 내항의 곱은 _____ .

답 _____

1. 비례식에서 □ 안에 알맞은 수를 구하세요.

$$4 : 7 = 12 : \square$$

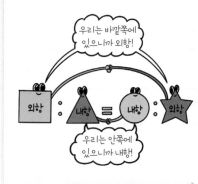
우리는 바깥쪽에 있으니까 외항!

외항 : 내항 = 내항 : 외항

우리는 안쪽에 있으니까 내항!

(외항의 곱)＝(내항의 곱)

생각하며 푼다!

비례식에서 (외항의 곱)＝(내항의 곱)이므로

$4 \times \square = 7 \times \boxed{}$, $4 \times \square = \boxed{}$, $\square = \boxed{}$ 입니다.
　　외항의 곱　　내항의 곱

답 _____

2. 비례식에서 □ 안에 알맞은 수를 구하세요.

$$\square : 9 = 20 : 36$$

생각하며 푼다!

비례식에서 (외항의 곱)＝(□의 곱)이므로

$\square \times \boxed{} = \boxed{} \times \boxed{}$, $\square \times \boxed{} = \boxed{}$,
　　외항의 곱　　　　내항의 곱

$\square = \boxed{}$ 입니다.

답 _____

3. 비례식에서 □ 안에 알맞은 수를 구하세요.

$$3 : 60 = 9 : \square$$

생각하며 푼다!

답 _____

1. 봉지 안에 든 사탕과 초콜릿 수의 비는 ②:⑦입니다. 사탕이 ⑯개
   일 때 초콜릿은 몇 개일까요?

   ↳ 초콜릿의 수를 ■개라 하고 비례식을 세워요.

문제에서 비 또는 숫자는 ◯,
조건 또는 구하는 것은 ___로
표시해 보세요.

   생각하며 푼다!

   초콜릿의 수를 ■개라 하고 비례식을 세우면

   $2 : \boxed{} = 16 : ■ \rightarrow 2 \times ■ = \boxed{} \times 16,$

   $2 \times ■ = \boxed{}, ■ = \boxed{}$ 입니다.

   따라서 사탕이 16개일 때 초콜릿은 $\boxed{}$ 개입니다.

   답 _____

구하려는 것을 ■라 하고
비례식을 세워요.

2. 빨간색 색종이와 파란색 색종이 수의 비는 4:3입니다. 빨간색 색
   종이가 60장일 때 파란색 색종이는 몇 장일까요?

   생각하며 푼다!

   파란색 색종이의 수를 ■장이라 하고 비례식을 세우면

   $4 : \boxed{} = \boxed{} : ■ \rightarrow 4 \times ■ = \boxed{} \times \boxed{},$

   $4 \times ■ = \boxed{}, ■ = \boxed{}$ 입니다.

   따라서 빨간색 색종이가 60장일 때 파란색 색종이는

   $\boxed{}$ 장입니다.

   답 _____

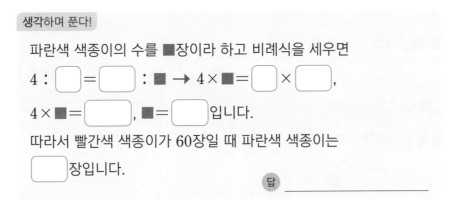

💡 다른 방법으로 생각해 봐요.

(빨간색 색종이) : (파란색 색종이)

4 : 3

↓×15 ↓×◯

60장 : ■장

3. 시장에서 산 설탕과 소금의 비는 3:5입니다. 설탕이 15 kg일 때
   소금은 몇 kg일까요?

   생각하며 푼다!

   답 _____

1. 색 테이프 9 m로 리본 3개를 만들었습니다. 리본 7개를 만들려면 색 테이프는 몇 m 필요할까요?

> **생각하며 푼다!**
>
> 필요한 색 테이프의 길이를 ■ m라 하고 비례식을 세우면
>
> $9 : \boxed{} = ■ : \boxed{} \rightarrow 9 \times \boxed{} = \boxed{} \times ■,$
>
> $\boxed{} = \boxed{} \times ■, ■ = \boxed{}$ 입니다.
>
> 따라서 필요한 색 테이프의 길이는 $\boxed{}$ m입니다.
>
> 답 _____

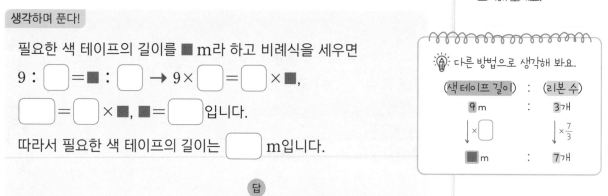

다른 방법으로 생각해 봐요.

(색 테이프 길이)	:	(리본 수)
9 m	:	3개
↓ × ⬚		↓ × $\frac{7}{3}$
■ m	:	7개

2. 5분 동안 24 L의 물이 일정하게 나오는 수도가 있습니다. 72 L 들이의 통에 물을 가득 채우려면 몇 분 동안 물을 받아야 할까요?

> **생각하며 푼다!**
>
> 물을 받아야 하는 시간을 ■ 분이라 하고 비례식을 세우면
>
> $\boxed{} : \boxed{} = ■ : \boxed{} \rightarrow \boxed{} \times \boxed{} = \boxed{} \times ■,$
>
> $\boxed{} = \boxed{} \times ■, ■ = \boxed{}$ 입니다.
>
> 따라서 $\boxed{}$ 분 동안 물을 받아야 합니다.
>
> 답 _____

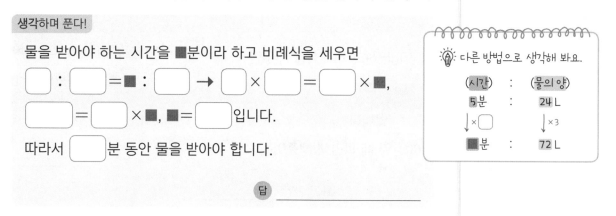

다른 방법으로 생각해 봐요.

(시간)	:	(물의 양)
5분	:	24 L
↓ × ⬚		↓ × 3
■ 분	:	72 L

3. 어떤 복사기는 7초에 6장을 복사할 수 있습니다. 이 복사기로 30 장을 복사하려면 몇 초가 걸릴까요?

> **생각하며 푼다!**
>
>
>
> 답 _____

문제에서 숫자는 ◯,
조건 또는 구하는 것은 ___로
표시해 보세요.

1. 민국이네 반 학생의 20 %가 안경을 썼습니다. 안경을 쓴 학생이 6명일 때 민국이네 반 학생은 모두 몇 명일까요?

↳ 전체 학생을 100 %라 놓고 비례식을 세워요.

생각하며 푼다!

민국이네 반 학생 수를 ■명이라 하고 비례식을 세우면

$20 : \boxed{} = 100 : ■ \rightarrow 20 \times ■ = \boxed{} \times 100,$

$20 \times ■ = \boxed{}, ■ = \boxed{}$입니다.

따라서 민국이네 반 학생은 모두 $\boxed{}$명입니다.

답 _____

20 %가 6명이면
100 %는 몇 명일까요?
$20 : 6 = 100 : ■$
(%) (명) (%) (명)

2. 지유네 반 학생의 32 %가 방과후 수업을 신청했습니다. 방과후 수업을 신청한 학생이 8명일 때 지유네 반 학생은 모두 몇 명일까요?

↳ 100 %

생각하며 푼다!

지유네 반 학생 수를 ■명이라 하고 비례식을 세우면

$\boxed{} : \boxed{} = 100 : ■ \rightarrow \boxed{} \times ■ = \boxed{} \times 100,$

$\boxed{} \times ■ = \boxed{}, ■ = \boxed{}$입니다.

따라서 지유네 반 학생은 모두 $\boxed{}$명입니다.

답 _____

3. 경희네 학교 6학년 학생의 47 %가 남학생입니다. 남학생이 141명일 때 경희네 학교 6학년 학생은 모두 몇 명일까요?

생각하며 푼다!

답 _____

1. 맞물려 돌아가는 두 톱니바퀴 ㉮와 ㉯가 있습니다. 톱니바퀴 ㉮가 2번 도는 동안 톱니바퀴 ㉯는 3번 돕니다. 톱니바퀴 ㉮가 16번 도는 동안 톱니바퀴 ㉯는 몇 번 돌까요?

> 문제에서 숫자는 ○, 조건 또는 구하는 것은 ___로 표시해 보세요.

생각하며 푼다!

톱니바퀴 ㉮가 16번 도는 동안 톱니바퀴 ㉯가 ■번 돈다고 하면

$2 : \boxed{} = \boxed{} : ■ \rightarrow 2 \times ■ = \boxed{} \times \boxed{}$,

$\boxed{} \times ■ = \boxed{}$, $■ = \boxed{}$ 이므로 톱니바퀴 ㉯는 $\boxed{}$ 번 돕니다.

답 _____

> 🔆 다른 방법으로 생각해 봐요.
>
> | ㉮ | : | ㉯ |
> |---|---|---|
> | 2번 | : | 3번 |
> | ↓×8 | | ↓×8 |
> | 16번 | : | ■번 |

2. 맞물려 돌아가는 두 톱니바퀴 ㉮와 ㉯가 있습니다. 톱니바퀴 ㉮가 4번 도는 동안 톱니바퀴 ㉯는 7번 돕니다. 톱니바퀴 ㉮가 20번 도는 동안 톱니바퀴 ㉯는 몇 번 돌까요?

생각하며 푼다!

톱니바퀴 ㉮가 20번 도는 동안 톱니바퀴 ㉯가 ■번 돈다고 하면

$\boxed{} : \boxed{} = \boxed{} : ■ \rightarrow \boxed{} \times ■ = \boxed{} \times \boxed{}$,

$\boxed{} \times ■ = \boxed{}$, $■ = \boxed{}$ 이므로 톱니바퀴 ㉯는 $\boxed{}$ 번 돕니다.

답 _____

3. 맞물려 돌아가는 두 톱니바퀴 ㉮와 ㉯가 있습니다. 톱니바퀴 ㉮가 10번 도는 동안 톱니바퀴 ㉯는 8번 돕니다. 톱니바퀴 ㉮가 40번 도는 동안 톱니바퀴 ㉯는 몇 번 돌까요?

생각하며 푼다!

> 풀이를 완성해요.

㉮ ㉯
$10 : 8 \rightarrow (10 \div 2) : (8 \div 2) \rightarrow \boxed{} : \boxed{}$

> 간단한 자연수의 비로 나타낸 다음 비례식을 세우면 계산이 간단해져요.

답 _____

1. 조건에 맞게 비례식 2 : ㉠＝㉡ : ㉢을 완성하려고 합니다. ㉠, ㉡, ㉢에 알맞은 수를 각각 구하세요.

┌─ 조건 ─
• 비율은 $\frac{1}{3}$입니다.　　• 외항의 곱은 48입니다.

생각하며 푼다!

2 : ㉠의 비율은 $\frac{2}{㉠}=\frac{1}{3}$이므로 ㉠＝□입니다.

2 : □ ＝㉡ : ㉢에서
　 ㉠

외항의 곱은 48이므로 $2×㉢=$□, ㉢＝□입니다.
　　　　　　　　　　외항의 곱

외항의 곱과 내항의 곱이 □로 같으므로

□ ×㉡＝□, ㉡＝□입니다.
㉠
내항의 곱

답 ㉠: _____ , ㉡: _____ , ㉢: _____

┌─ 간단하게 생각해 봐요. ─
• (비율)＝$\frac{1}{3}$

$$\frac{2}{㉠}=\frac{1}{3} \rightarrow ㉠=3×2$$
(×2)

• (외항의 곱)＝48
　└ 내항의 곱과 같아요.
$2×㉢=48 \rightarrow ㉢=$□
$㉠×㉡=48 \rightarrow ㉡=$□

2. 조건에 맞게 비례식 ㉠ : 10＝㉡ : ㉢을 완성하려고 합니다. ㉠, ㉡, ㉢에 알맞은 수를 각각 구하세요.

┌─ 조건 ─
• 비율은 $\frac{3}{5}$입니다.　　• 내항의 곱은 120입니다.

생각하며 푼다!

㉠ : 10의 비율은 $\frac{㉠}{10}=$□이므로 ㉠＝□입니다.

□ : 10＝㉡ : ㉢에서
㉠

내항의 곱은 □이므로 $10×㉡=$□, ㉡＝□입니다.
　　　　　　　　　내항의 곱

외항의 곱과 □의 곱은 □으로 같으므로

□ ×㉢＝□, ㉢＝□입니다.
㉠
외항의 곱

답 ㉠: _____ , ㉡: _____ , ㉢: _____

주어진 조건을 하나씩 확인하며 풀어 봐요.

17. 비례배분 문장제

1. 12를 1 : 2로 나누어 보세요.

방법1 전체를 주어진 비로 나누어 부분의 양 구하기

$$12 \times \frac{1}{1+2} = \boxed{} \times \frac{\boxed{}}{\boxed{}} = \boxed{}$$

$$12 \times \frac{\boxed{}}{1+\boxed{}} = \boxed{} \times \frac{\boxed{}}{\boxed{}} = \boxed{}$$

방법2 비의 성질을 이용하여 부분의 양 구하기

12를 1 : 2로 나누는 것은 전체 $\boxed{}$를 $\boxed{}$+$\boxed{}$=$\boxed{}$으로 나눈 것 중의 각각

1만큼, $\boxed{}$만큼입니다.

12를 1 : 2로 나눈 것의 1만큼을 ■라 하면

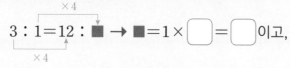

$3 : 1 = 12 : ■ \rightarrow ■ = 1 \times \boxed{} = \boxed{}$이고,

> 3의 1만큼, 2만큼이 12(전체)의
> 얼마만큼인지 각각 구해요.

12를 1 : 2로 나눈 것의 2만큼을 ■라 하면

$3 : 2 = 12 : ■ \rightarrow ■ = 2 \times \boxed{} = \boxed{}$입니다.

답 _____, _____

2. 사탕 25개를 2 : 3으로 나누어 보세요.

$$\boxed{} \times \frac{\boxed{}}{\boxed{}+\boxed{}} = \boxed{} \times \frac{\boxed{}}{\boxed{}} = \boxed{} \text{(개)}$$

$$\boxed{} \times \frac{\boxed{}}{\boxed{}+\boxed{}} = \boxed{} \times \frac{\boxed{}}{\boxed{}} = \boxed{} \text{(개)}$$

답 _____ 개, _____ 개

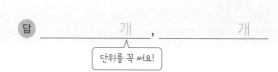

> 단위를 꼭 써요!

1. 연필 ㉔자루를 보혜와 민수가 ①∶②로 나누어 가지려고 합니다. <u>보혜와 민수는 각각 몇 자루씩 가질 수 있을까요?</u>

문제에서 비 또는 숫자는 ◯, 조건 또는 구하는 것은 ___로 표시해 보세요.

생각하며 푼다!

보혜: $24 \times \dfrac{\boxed{}}{1+\boxed{}} = \boxed{} \times \dfrac{\boxed{}}{\boxed{}} = \boxed{}$ (자루)

민수: $\boxed{} \times \dfrac{\boxed{}}{\boxed{}+\boxed{}} = \boxed{} \times \dfrac{\boxed{}}{\boxed{}} = \boxed{}$ (자루)

답 보혜: _____, 민수: _____

보혜와 민수가 갖게 되는 연필 수를 더하면 24자루가 되는지 확인해 봐요.

2. 길이가 70 cm인 색 테이프를 4∶3으로 나누려고 합니다. 긴 쪽과 짧은 쪽의 길이는 각각 몇 cm가 될까요?

생각하며 푼다!

긴 쪽: $\boxed{} \times \dfrac{\boxed{}}{\boxed{}+\boxed{}} = \times \underline{} = \boxed{}$ (cm)

짧은 쪽: $\boxed{} \times \dfrac{\boxed{}}{\boxed{}+\boxed{}} = \times \underline{} = \boxed{}$ (cm)

답 긴 쪽: _____, 짧은 쪽: _____

• 전체를
㉮∶㉯=●∶▲로 나누기
㉮=(전체)$\times \dfrac{●}{●+▲}$
㉯=(전체)$\times \dfrac{▲}{●+▲}$

3. 선우와 민지가 6000원을 5∶7로 나누어 가지려고 합니다. 선우와 민지는 각각 얼마씩 가질 수 있을까요?

생각하며 푼다!

답 선우: _____, 민지: _____

1. 사과 96개를 작은 상자와 큰 상자에 18 : 30으로 나누어 담으려고 합니다. 큰 상자에는 사과를 몇 개 담아야 할까요?

생각하며 푼다!

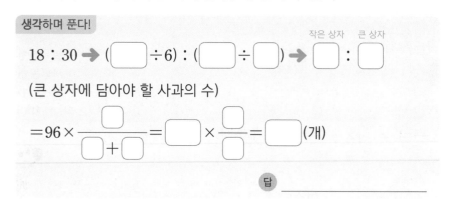

18 : 30 ➔ (☐÷6) : (☐÷☐) ➔ ☐ : ☐   작은 상자 큰 상자

(큰 상자에 담아야 할 사과의 수)

$= 96 × \dfrac{☐}{☐+☐} = ☐ × \dfrac{☐}{☐} = ☐$ (개)

답 _____

문제에서 비 또는 숫자는 ◯, 조건 또는 구하는 것은 ___로 표시해 보세요.

먼저 18 : 30을 간단한 자연수의 비로 나타내요.

2. 주스 650 mL를 은하와 준서가 $\dfrac{1}{2} : \dfrac{1}{3}$로 나누어 마시려고 합니다. 준서는 주스를 몇 mL 마셔야 할까요?

생각하며 푼다!

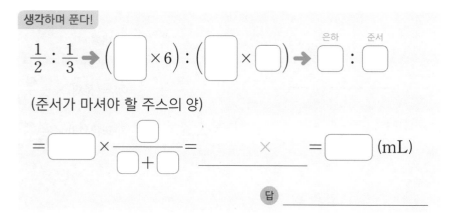

$\dfrac{1}{2} : \dfrac{1}{3}$ ➔ (☐×6) : (☐×☐) ➔ ☐ : ☐   은하 준서

(준서가 마셔야 할 주스의 양)

$= ☐ × \dfrac{☐}{☐+☐} = \dfrac{ \quad × \quad }{ \quad } = ☐$ (mL)

답 _____

먼저 $\dfrac{1}{2} : \dfrac{1}{3}$을 간단한 자연수의 비로 나타내요.

3. 철사 40 cm를 1.1 : 0.9로 나누려고 합니다. 나눈 철사 중 작은 도막의 길이는 몇 cm가 될까요?

생각하며 푼다!

답 _____

간단한 자연수의 비로 나타내면 계산 과정이 훨씬 간단해져요.

1. 물을 큰 병과 작은 병에 3 : 1로 나누어 담았더니 큰 병에 든 물이 600 mL가 되었습니다. 물은 모두 몇 mL일까요?

생각하며 푼다!

전체 물의 양을 ■ mL라 하면 큰 병에 든 물의 양이 [   ] mL이므로

$$■ × \dfrac{3}{[\ ] + [\ ]} = ■ × \dfrac{[\ ]}{[\ ]} = [\ \ ],$$ ┌ 큰 병에 든 물의 양

$$■ = [\ \ ] ÷ [\ \ ] = [\ \ ] × [\ \ ] = [\ \ ]$$ 입니다.

따라서 물은 모두 [   ] mL입니다.

답 _____

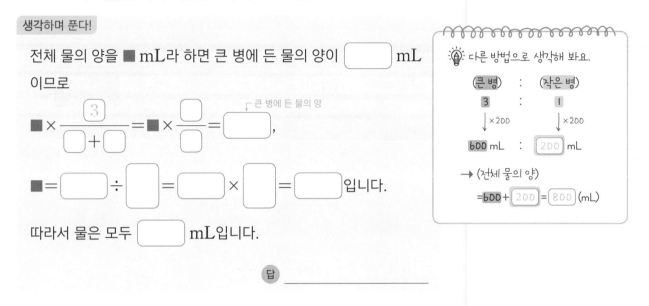

다른 방법으로 생각해 봐요.

(큰 병) : (작은 병)
3   :   1
↓ ×200   ↓ ×200
600 mL   :   200 mL

→ (전체 물의 양)
= 600 + 200 = 800 (mL)

2. 어머니께서 주신 용돈을 선호와 다예가 2 : 5로 나누어 가졌더니 다예가 가진 돈이 3000원이었습니다. 어머니께서 주신 용돈은 얼마일까요?

생각하며 푼다!

어머니께서 주신 용돈을 ■원이라 하면 다예가 가진 돈이 [   ] 원이므로

$$■ × \dfrac{[\ ]}{[\ ] + [\ ]} = ■ × \dfrac{[\ ]}{[\ ]} = [\ \ ],$$ ┌ 다예가 가진 돈

$$■ = [\ \ ] ÷ [\ \ ] = \dfrac{\quad × \quad}{}$$

$$= [\ \ ]$$ 입니다.

따라서 어머니께서 주신 용돈은 [   ] 원입니다.

답 _____

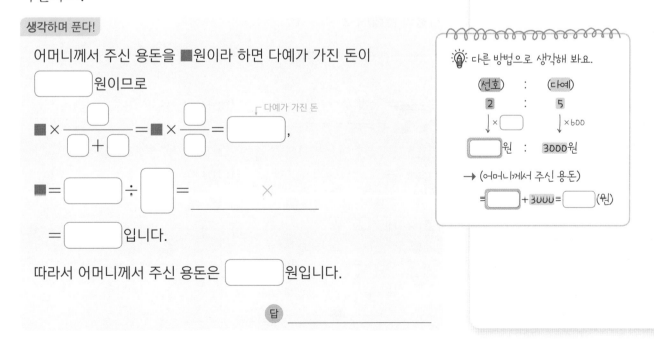

다른 방법으로 생각해 봐요.

(선호) : (다예)
2   :   5
↓ ×[ ]   ↓ ×600
[   ]원   :   3000원

→ (어머니께서 주신 용돈)
= [   ] + 3000 = [   ] (원)

문제에서 비 또는 숫자는 ◯,
조건 또는 구하는 것은 ___로
표시해 보세요.

1. 가로와 세로의 비가 5 : 3인 직사각형의 둘레가 128 cm일 때 직사각형의 가로와 세로는 각각 몇 cm일까요?

생각하며 푼다!

(가로)＋(세로)＝(직사각형의 둘레)÷2

$$= \boxed{} ÷2 = \boxed{} \text{(cm)}$$

(가로)＝$\boxed{}^{(가로)+(세로)} × \dfrac{\boxed{}}{\boxed{}+\boxed{}} = \boxed{} × \dfrac{\boxed{}}{\boxed{}} = \boxed{}$ (cm)

(세로)＝$\boxed{} × \dfrac{\boxed{}}{\boxed{}+\boxed{}} = \boxed{} × \dfrac{\boxed{}}{\boxed{}} = \boxed{}$ (cm)

답 가로: _____ , 세로: _____

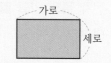

(직사각형의 둘레)
＝((가로)＋(세로))×2

2. 가로와 세로의 비가 2 : 7인 직사각형의 둘레가 90 cm일 때 직사각형의 넓이는 몇 cm²일까요?

생각하며 푼다!

(가로)＋(세로)＝(직사각형의 둘레)÷2

$$= \underline{} = \boxed{} \text{(cm)}$$

(가로)＝$\boxed{} × \dfrac{\boxed{}}{\boxed{}+\boxed{}} = \underline{} = \boxed{}$ (cm)

(세로)＝$\boxed{} × \dfrac{\boxed{}}{\boxed{}+\boxed{}} = \underline{} = \boxed{}$ (cm)

(직사각형의 넓이)＝(가로)×(세로)

$$= \underline{} = \boxed{} \text{(cm}^2\text{)}$$

답 _____

1. 갑이 100만 원, 을이 150만 원을 투자하여 얻은 이익금을 투자한 금액의 비로 나누어 가졌습니다. 갑이 받은 이익금이 20만 원이라면 전체 이익금은 얼마일까요?

생각하며 푼다!

갑과 을이 투자한 금액의 비를 간단한 자연수의 비로 나타내면

갑   을
100만 : 150만 → (☐만 : 50만) : (☐만 ÷ ☐만)

→ ☐ : ☐ 입니다.

전체 이익금을 ■만 원이라 하면

$$■ × \frac{☐}{☐+☐} = ■ × \frac{☐}{☐} = ☐,$$ 갑의 이익금(만 원)

$$■ = ☐ ÷ ☐ = ☐ × ☐ = ☐$$ 입니다.

따라서 전체 이익금은 ☐만 원입니다.

답 _____

해결 순서

❶ 투자한 금액의 비를 간단한 자연수의 비로 나타내기

❷ 전체 이익금을 ■만 원이라 하고 갑의 이익금을 구하는 비례배분 식 쓰기

❸ 전체 이익금 구하기

2. ㉮가 120만 원, ㉯가 90만 원을 투자하여 얻은 이익금을 투자한 금액의 비로 나누어 가졌습니다. ㉯가 받은 이익금이 30만 원이라면 전체 이익금은 얼마일까요?

생각하며 푼다!

㉮와 ㉯가 투자한 금액의 비를 간단한 자연수의 비로 나타내면

㉮   ㉯
120만 : 90만 → (☐만 ÷ 30) : (☐만 ÷ ☐만)

→ ☐ : ☐ 입니다.

풀이를 완성해요.

단위가 큰 수의 비도 비의 성질을 이용하여 간단한 자연수의 비로 나타낼 수 있어요.

답 _____

4. 비례식과 비례배분

점수 / 100

한 문항당 10점

1. 비율이 1.2인 비의 후항이 30일 때 전항을 구하세요.

(   )

2. 배와 감의 무게의 비는 11.7 : 5.4입니다. 배와 감의 무게의 비를 간단한 자연수의 비로 나타내세요.

(   )

3. 가로가 같은 두 직사각형 가와 나의 세로의 비와 넓이의 비를 각각 간단한 자연수의 비로 나타내세요.

가

6 cm

12 cm

나

8 cm

12 cm

세로의 비 (   )

넓이의 비 (   )

4. 윤희와 현아가 저금한 금액의 비는 3 : 2 입니다. 윤희가 1500원을 저금했을 때 현아가 저금한 금액은 얼마일까요?

(   )

5. 유하네 반 학생의 25 %가 안경을 썼습니다. 안경을 쓴 학생이 6명이라면 유하네 반 학생은 모두 몇 명일까요? (20점)

(   )

6. 민호와 동생이 8000원을 5 : 3으로 나누어 가지려고 합니다. 민호가 가지게 되는 돈은 얼마일까요?

(   )

7. 철사를 민재와 연서가 7 : 8로 나누었더니 민재가 가진 철사의 길이가 28 cm이었습니다. 처음에 있던 철사의 길이는 몇 cm이었을까요? (30점)

(   )

다섯째 마당

나 혼자 풀이 과정을 완성하는
원의 넓이

다섯째 마당에서는 **원의 넓이를 활용한 문장제**를 배웁니다.
원의 지름과 반지름을 이용해 원의 둘레와 원의 넓이를 구할 수 있어요.
원의 지름이 길어지면 원의 둘레인 원주도 길어진답니다.
다양한 원의 둘레와 넓이를 구하는 생활 속 문장제를 해결해 보세요.

원의 지름에 대한 원의 둘레의 비율이 원주율이에요.
원의 지름, 둘레와 상관없이 원주율은 일정해요.

18. 원주와 원주율을 구하는 문장제

1. 원주는 몇 cm일까요? (원주율: 3)

원의 지름에 대한 원주의 비율

원의 둘레

원주율은 3.141592……와 같이 끝없이 계속되므로 3, 3.1, 3.14 등으로 어림하여 사용해요.

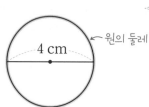
4 cm ··· 원의 둘레

생각하며 푼다!

(원주)=(지름)×(원주율)=□×□=□ (cm)

답 _____ cm

단위를 꼭 써요!

2. 지름이 30 cm인 원의 원주가 94.2 cm일 때 원주율은 얼마일까요?

생각하며 푼다!

(원주)=(지름)×(원주율)에서 (원주율)=(□)÷(지름)입니다.

(원주율)=(원주)÷(지름)=□÷□=□

답 _____

3. 두 원의 원주의 차는 몇 cm일까요? (원주율: 3.14)

가   나

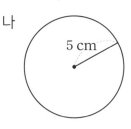
8 cm   5 cm

원주를 비교하면 원의 지름 또는 반지름이 긴 원이 원주도 길어요.

생각하며 푼다!

(원 가의 원주)=(지름)×(원주율)=□×□=□ (cm)

(원 나의 원주)=(반지름)×2×(원주율)=□×2×□=□ (cm)

따라서 두 원의 원주의 차는 □－□=□ (cm)입니다.

답 _____

1. 오른쪽 반원의 둘레는 몇 cm일까요? (원주율: ③)

⑯cm

문제에서 숫자는 ○,
조건 또는 구하는 것은 ___로
표시해 보세요.

생각하며 푼다!

(반원의 둘레)=$\left(원주의\ \frac{1}{2}\right)$+(지름)

$=\boxed{}\times\boxed{}\times\dfrac{1}{2}+\boxed{}$

$=\boxed{}+\boxed{}=\boxed{}$ (cm)

답 _____

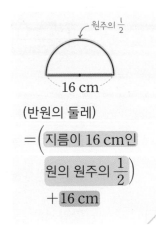

원주의 $\frac{1}{2}$

16 cm

(반원의 둘레)

$=\left(\begin{array}{c}지름이\ 16\ cm인\\[2pt] 원의\ 원주의\ \dfrac{1}{2}\end{array}\right)$

$+$ 16 cm

2. 오른쪽 반원의 둘레는 몇 cm일까요? (원주율: 3.14)

15 cm

생각하며 푼다!

(반원의 둘레)=$\left(\boxed{}의\ \dfrac{1}{2}\right)$+(지름)

$=\underline{}\times\underline{}\times\dfrac{1}{2}+\boxed{}$

$=\underline{}+\underline{}=\boxed{}$ (cm)

답 _____

3. 오른쪽 반원의 둘레는 몇 cm일까요? (원주율: 3.1)

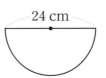
24 cm

생각하며 푼다!

답 _____

문제에서 숫자는 ◯,
조건 또는 구하는 것은 ___로
표시해 보세요.

1. 크기가 다른 통조림통 가와 나가 있습니다. 두 통조림통의 원주율
을 비교하세요.

가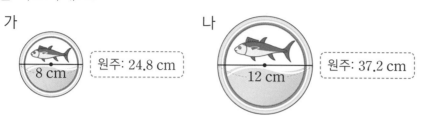
나

생각하며 푼다!

(가의 원주율)＝(원주)÷(지름)＝ ☐ ÷ ☐ ＝ ☐

(나의 원주율)＝(원주)÷(지름)＝ ☐ ÷ ☐ ＝ ☐

(원주)＝(지름)×(원주율)
→ (원주율)＝(원주)÷(지름)

따라서 [가의 원주율] ☐ ＝ [나의 원주율] ☐ 이므로 두 통조림통의 원주율은

같습니다.

답 _____

2. 크기가 다른 원 모양의 굴렁쇠 가와 나가 있습니다. 두 굴렁쇠의
원주율을 비교하세요.

가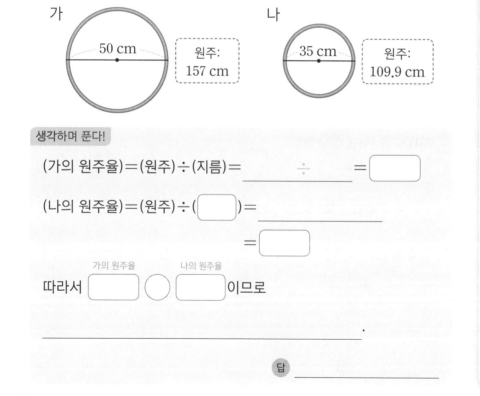
나

생각하며 푼다!

(가의 원주율)＝(원주)÷(지름)＝ _____ ÷ _____ ＝ ☐

(나의 원주율)＝(원주)÷(☐)＝ _____

＝ ☐

따라서 [가의 원주율] ☐ ◯ [나의 원주율] ☐ 이므로

_____ .

답 _____

원의 크기가 달라도
원주율은 항상 일정해요.

🔆 그림으로 이해해 봐요.

5 m

밧줄의 길이가
원의 반지름이에요.

(원주)＝(지름)×(원주율)
　　　＝(반지름)×2×(원주율)

1. 지영이는 길이가 5 m인 밧줄을 사용해 운동장에 그릴 수 있는 가장 큰 원을 그렸습니다. 지영이가 그린 원의 원주는 몇 m일까요? (원주율: 3)

생각하며 푼다!

(지영이가 그린 원의 원주)
＝(반지름)×2×(원주율)
　　　　　　지름
＝ ☐ ×2× ☐ ＝ ☐ (m)

답 _____

2. 명진이는 길이가 7 m인 밧줄을 사용해 운동장에 그릴 수 있는 가장 큰 원을 그렸습니다. 명진이가 그린 원의 원주는 몇 m일까요? (원주율: 3.14)

생각하며 푼다!

(명진이가 그린 원의 원주)
＝(반지름)× ☐ ×(☐)
＝ _____ ＝ ☐ (m)

답 _____

3. 수호는 길이가 11 cm인 실을 사용해 칠판에 그릴 수 있는 가장 큰 원을 그렸습니다. 수호가 그린 원의 원주는 몇 cm일까요? (원주율: 3.1)

생각하며 푼다!

답 _____

1. 반지름이 30 cm인 원 모양의 바퀴를 한 바퀴 굴렸습니다. 바퀴가 굴러간 거리는 몇 cm일까요? (원주율: 3.1)

문제에서 숫자는 ○, 조건 또는 구하는 것은 ___로 표시해 보세요.

생각하며 푼다!

(바퀴가 한 바퀴 굴러간 거리)
=(반지름)×2×(원주율)
= ☐ ×2× ☐ = ☐ (cm)

답 _____

바퀴가 한 바퀴 굴러간 거리는 바퀴의 원주와 같습니다.

2. 지름이 20 cm인 원 모양의 접시를 4바퀴 굴렸습니다. 접시가 굴러간 거리는 몇 cm일까요? (원주율: 3)

생각하며 푼다!

(접시가 한 바퀴 굴러간 거리)
=(지름)×(☐)
= _____ = ☐ (cm)

(접시가 4바퀴 굴러간 거리)
=(접시가 한 바퀴 굴러간 거리)×(굴린 바퀴 수)
= _____ = ☐ (cm)

답 _____

(접시가 한 바퀴 굴러간 거리)
=(접시의 원주)

3. 바깥쪽 지름이 80 cm인 원 모양의 훌라후프를 5바퀴 굴렸습니다. 훌라후프가 굴러간 거리는 몇 cm일까요? (원주율: 3.14)

생각하며 푼다!

답 _____

1. 반지름이 0.32 m인 타이어를 굴렸더니 움직인 거리가 5.76 m였습니다. 타이어를 몇 바퀴 굴렸을까요? (원주율: 3)

   생각하며 푼다!

   (타이어의 원주)＝(반지름)×2×(원주율)

   ＝□×2×□＝□(m)

   (타이어를 굴린 바퀴 수)＝(굴러간 거리)÷(타이어의 원주)

   ＝□÷□＝□(바퀴)

   답 _____

   (타이어를 굴린 바퀴 수)
   ＝(굴러간 거리)
   　÷(타이어의 원주)

2. 지름이 40 cm인 원 모양의 굴렁쇠를 굴렸더니 움직인 거리가 628 cm였습니다. 굴렁쇠를 몇 바퀴 굴렸을까요? (원주율: 3.14)

   생각하며 푼다!

   (굴렁쇠의 원주)＝(지름)×(□)

   ＝_____＝□(cm)

   (굴렁쇠를 굴린 바퀴 수)＝(굴러간 □)÷(굴렁쇠의 □)

   ＝_____＝□(바퀴)

   답 _____

3. 반지름이 25 cm인 타이어를 굴렸더니 움직인 거리가 620 cm였습니다. 타이어를 몇 바퀴 굴렸을까요? (원주율: 3.1)

   생각하며 푼다!

   답 _____

1. 지름이 10 cm인 원 모양의 통조림 3개를 오른쪽 그림과 같이 끈으로 묶었습니다. 매듭의 길이는 생각하지 않을 때 사용한 끈의 길이는 몇 cm일까요? (원주율: 3.1)

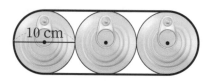

생각하며 푼다!

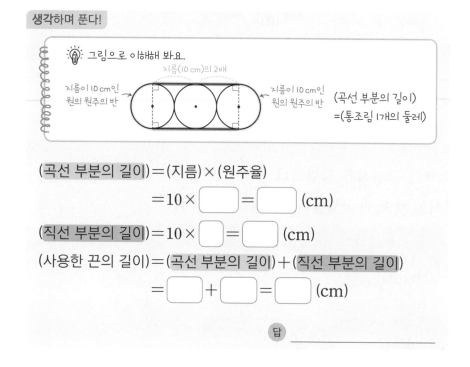

💡 그림으로 이해해 봐요.

지름(10 cm)의 2배

지름이 10 cm인 원의 원주의 반

지름이 10 cm인 원의 원주의 반

(곡선 부분의 길이)
=(통조림 1개의 둘레)

(곡선 부분의 길이)=(지름)×(원주율)
$$=10 \times \boxed{} = \boxed{} \text{(cm)}$$

(직선 부분의 길이)$=10 \times \boxed{} = \boxed{}$ (cm)

(사용한 끈의 길이)=(곡선 부분의 길이)+(직선 부분의 길이)
$$= \boxed{} + \boxed{} = \boxed{} \text{(cm)}$$

답 _____

문제에서 숫자는 ◯, 조건 또는 구하는 것은 ____로 표시해 보세요.

곡선 부분과 **직선** 부분의 길이로 나누어 구해요.

2. 지름이 15 cm인 원 모양의 통나무 4개를 오른쪽 그림과 같이 끈으로 묶었습니다. 매듭의 길이는 생각하지 않을 때 사용한 끈의 길이는 몇 cm일까요? (원주율: 3.14)

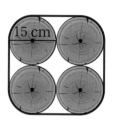

생각하며 푼다!

답 _____

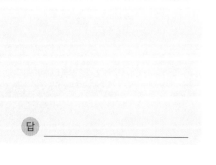

원주의 $\frac{1}{4}$

지름

(사용한 끈의 길이)
$= \left(원주의 \frac{1}{4} \right)$의 4배
$+ (지름)$의 4배

19. 지름을 구하는 문장제

1. 원주가 ⑮cm인 원의 지름은 몇 cm일까요? (원주율: ③)

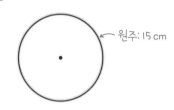

원주: 15 cm

생각하며 푼다!

(원주)＝(지름)×(원주율)이므로 (지름)＝(⬚)÷(⬚)입니다.

(지름)＝(원주)÷(원주율)

＝⬚÷3＝⬚ (cm)

답 _____ cm

단위를 꼭 써요!

2. 원주가 12.56 cm인 원의 반지름은 몇 cm일까요? (원주율: 3.14)

생각하며 푼다!

(지름)＝(원주)÷(원주율)

＝⬚÷3.14＝⬚ (cm)

(반지름)＝(지름)÷2＝⬚÷2＝⬚ (cm)

답 _____

3. 두 원 가와 나의 지름의 차는 몇 cm일까요? (원주율: 3.1)

> 가: 원주가 31 cm인 원
> 나: 원주가 18.6 cm인 원

지름을 비교하면
원주가 긴 원이
지름도 길어요.

생각하며 푼다!

(원 가의 지름)＝(원주)÷(원주율)＝⬚÷3.1＝⬚ (cm)

(원 나의 지름)＝(원주)÷(원주율)＝⬚÷3.1＝⬚ (cm)

따라서 두 원의 지름의 차는 ⬚－⬚＝⬚ (cm)입니다.

답 _____

문제에서 숫자는 ◯,
조건 또는 구하는 것은 ___로
표시해 보세요.

1. 원주가 66 cm인 원 모양의 프라이팬이 있습니다. 이 프라이팬의 지름은 몇 cm일까요? (원주율: 3)

(원주)＝(지름)×(원주율)
→ (지름)＝(원주)÷(원주율)

생각하며 푼다!

(프라이팬의 지름)＝(원주)÷(원주율)

$$= \boxed{} ÷ \boxed{} = \boxed{} \text{(cm)}$$

답 _____

2. 원주가 43.4 cm인 원 모양의 쟁반이 있습니다. 이 쟁반의 반지름은 몇 cm일까요? (원주율: 3.1)

생각하며 푼다!

(쟁반의 지름)＝($\boxed{}$)÷(원주율)

$$= \underline{} ÷ \underline{} = \boxed{} \text{(cm)}$$

(쟁반의 반지름)＝(쟁반의 지름)÷2

$$= \underline{} ÷ \underline{} = \boxed{} \text{(cm)}$$

답 _____

3. 원주가 78.5 cm인 원 모양의 고구마 피자와 원주가 47.1 cm인 원 모양의 불고기 피자가 있습니다. 두 피자의 지름의 차는 몇 cm일까요? (원주율: 3.14)

생각하며 푼다!

(고구마 피자의 지름)＝(원주)÷(원주율)

$$= \underline{} = \boxed{} \text{(cm)}$$

(불고기 피자의 지름)＝($\boxed{}$)÷($\boxed{}$)

$$= \underline{} = \boxed{} \text{(cm)}$$

(두 피자의 지름의 차)＝$\boxed{}$－$\boxed{}$＝$\boxed{}$ (cm)

답 _____

각각의 지름을 구한 다음
차를 구하면 돼요.

1. 지름이 7 cm인 원 가와 원주가 24.8 cm인 원 나가 있습니다. 가
   와 나 중에서 더 큰 원의 기호를 쓰세요. (원주율: 3.1)

   생각하며 푼다!

   (원 나의 지름)＝(원주)÷(원주율)

   ＝ ☐ ÷ ☐ ＝ ☐ (cm)

   _{원 가의 지름}　_{원 나의 지름}

   따라서 ☐ ◯ ☐ 이므로 원 ☐ 가 더 큽니다.

   답 ＿＿＿＿＿＿＿＿

두 원의 지름을 비교해서
더 큰 원을 찾아봐요.

2. 지름이 12 cm인 원 가와 원주가 34.54 cm인 원 나가 있습니다.
   가와 나 중에서 더 큰 원의 기호를 쓰세요. (원주율: 3.14)

   생각하며 푼다!

   (원 나의 지름)＝(원주)÷(☐)

   ＝ ‾‾‾‾‾‾‾ ＝ ☐ (cm)

   따라서 ＿＿＿＿＿＿＿＿＿＿＿＿＿＿＿ .

   답 ＿＿＿＿＿＿＿＿

3. 반지름이 8 cm인 원 가와 원주가 42 cm인 원 나가 있습니다. 가
   와 나 중에서 더 큰 원의 기호를 쓰세요. (원주율: 3)

   생각하며 푼다!

   (원 가의 지름)＝(반지름)×2＝ ☐ ×2＝ ☐ (cm)

   (원 나의 지름)＝(☐)÷(☐)

   ＝ ‾‾‾‾‾‾‾ ＝ ☐ (cm)

   _{원 가의 지름}　_{원 나의 지름}

   따라서 ☐ ◯ ☐ 이므로 원 ☐ 가 더 큽니다.

   답 ＿＿＿＿＿＿＿＿

원주를 비교해 더 큰 원을
찾을 수도 있어요.
(원 가의 원주)
＝(반지름)×2×(원주율)
＝ 8 ×2× 3 ＝ 48 (cm)
_{원 가의 원주}　_{원 나의 원주}
→ ☐ ◯ ☐

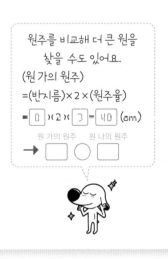

1. 길이가 24 cm인 철사를 겹치지 않게 남김없이 사용하여 원을 한 개 만들려고 합니다. 만들 수 있는 가장 큰 원의 지름은 몇 cm일 까요? (원주율: 3)

문제에서 숫자는 ◯, 조건 또는 구하는 것은 ___로 표시해 보세요.

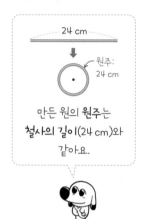

만든 원의 **원주**는 **철사의 길이**(24 cm)와 같아요.

생각하며 푼다!

(지름)=(원주)÷(원주율)

=☐÷☐=☐ (cm)   답 _____

2. 길이가 37.68 cm인 종이띠를 겹치지 않게 붙여서 원을 한 개 만들었습니다. 만든 원의 반지름은 몇 cm일까요? (원주율: 3.14)

생각하며 푼다!

(지름)=(원주)÷(☐)

= _____ =☐ (cm)

(반지름)=(지름)÷2= _____ =☐ (cm)

답 _____

3. 현서와 다혜는 각각 길이가 55.8 cm, 40.3 cm인 끈을 겹치지 않게 남김없이 사용하여 원을 한 개씩 만들었습니다. 두 사람이 만든 원의 지름의 합은 몇 cm일까요? (원주율: 3.1)

생각하며 푼다!

(현서가 만든 원의 지름)=(원주)÷(☐)

= _____ =☐ (cm)

(다혜가 만든 원의 지름)=(원주)÷(☐)

= _____ =☐ (cm)

현서   다혜
(두 원의 지름의 합)=☐+☐=☐ (cm)

답 _____

1. 철사를 겹치지 않게 남김없이 사용하여 지름이 14 cm인 원을 만들었습니다. 이 철사를 모두 사용하여 크기가 같은 작은 원 2개를 만들려고 합니다. 작은 원의 지름은 몇 cm일까요? (원주율: 3)

   생각하며 푼다!

   (지름이 14 cm인 원의 원주)=(지름)×(원주율)

   =□×□=□ (cm)

   ┌ 작은 원의 개수

   (작은 원 1개의 원주)=□÷2=□ (cm)

   (작은 원의 지름)=(원주)÷(원주율)

   =□÷□=□ (cm)

   답 _____

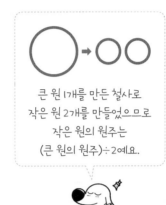

큰 원 1개를 만든 철사로
작은 원 2개를 만들었으므로
작은 원의 원주는
(큰 원의 원주)÷2예요.

2. 끈을 겹치지 않게 남김없이 사용하여 지름이 50 cm인 원을 만들었습니다. 이 끈을 모두 사용하여 크기가 같은 작은 원 5개를 만들려고 합니다. 작은 원의 지름은 몇 cm일까요? (원주율: 3.1)

   생각하며 푼다!

   (지름이 50 cm인 원의 원주)=(□)×(원주율)

   =_____=□ (cm)

   (작은 원 1개의 원주)=_____=□ (cm)

   (작은 원의 지름)=(□)÷(원주율)

   =_____=□ (cm)

   답 _____

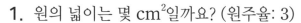

20. 원의 넓이를 구하는 문장제

1. 원의 넓이는 몇 cm²일까요? (원주율: 3)

4 cm

생각하며 푼다!

(원의 넓이)=(반지름)×(반지름)×(원주율)

=☐×☐×3=☐ (cm²)

답 _____ cm²

> 단위를 꼭 써요!

2. 반지름이 2 cm인 원의 넓이는 몇 cm²일까요? (원주율: 3.1)

생각하며 푼다!

(원의 넓이)=(반지름)×(반지름)×(☐)

=☐×☐×☐=☐ (cm²)

답 _____

3. 지름이 6 cm인 원의 넓이는 몇 cm²일까요? (원주율: 3.14)

생각하며 푼다!

(반지름)=(지름)÷2=☐÷2=☐ (cm)

(원의 넓이)=(☐)×(☐)×(원주율)

= _____ =☐ (cm²)

답 _____

4. 두 원의 넓이의 차는 몇 cm²일까요? (원주율: 3)

가 ⊙—10 cm   나 ⊙—6 cm

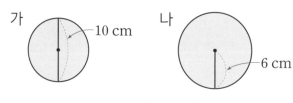

> 반지름이 길수록
> 원의 넓이도 넓어져요.

생각하며 푼다!

(원 가의 넓이)=☐×☐×3=☐ (cm²)

(원 나의 넓이)=☐×☐×3=☐ (cm²)

(두 원의 넓이의 차)=☐—☐=☐ (cm²)

답 _____

114   나 혼자 푼다! 수학 문장제

문제에서 숫자는 ◯,
조건 또는 구하는 것은 ___로
표시해 보세요.

1. 반지름이 10 cm인 원 모양의 접시가 있습니다. 이 접시의 넓이는
   몇 cm²일까요? (원주율: 3.1)

   생각하며 푼다!

   (접시의 넓이)=(반지름)×(반지름)×(원주율)

   =☐×☐×☐=☐ (cm²)

   답 _____

2. 반지름이 18 cm인 원 모양의 피자가 있습니다. 이 피자의 넓이는
   몇 cm²일까요? (원주율: 3)

   생각하며 푼다!

   (피자의 넓이)=(☐)×(☐)×(원주율)

   = _____ =☐ (cm²)

   답 _____

3. 지름이 22 m인 원 모양의 땅의 넓이는 몇 m²일까요? (원주율: 3.1)

   생각하며 푼다!

   (땅의 반지름)=(땅의 지름)÷☐=☐÷☐=☐ (m)

   (땅의 넓이)=(반지름)×(반지름)×(☐)

   = _____ =☐ (m²)

   답 _____

4. 공원에 지름이 60 m인 원 모양의 연못이 있습니다. 이 연못의 넓
   이는 몇 m²일까요? (원주율: 3.14)

   생각하며 푼다!

   답 _____

문제에서 숫자는 ◯,
조건 또는 구하는 것은 ____로
표시해 보세요.

1. 반지름이 4 cm인 과자와 넓이가 27.9 cm²인 과자가 있습니다. 원 모양의 두 과자의 넓이의 차는 몇 cm²일까요? (원주율: 3.1)

생각하며 푼다!

(반지름이 4 cm인 과자의 넓이)
=(반지름)×(반지름)×(원주율)
= ☐ × ☐ × ☐ = ☐ (cm²)
(두 과자의 넓이의 차)= ☐ − ☐ = ☐ (cm²)

답 _____

2. 반지름이 14 cm인 접시와 넓이가 523 cm²인 접시가 있습니다. 원 모양의 두 접시의 넓이의 차는 몇 cm²일까요? (원주율: 3)

생각하며 푼다!

(반지름이 14 cm인 접시의 넓이)
=(반지름)×(반지름)×(☐)
= _____ = ☐ (cm²)
(두 접시의 넓이의 차)= _____ = ☐ (cm²)

답 _____

3. 윤서는 반지름이 13 cm인 원을 그렸고, 민하는 넓이가 706.5 cm²인 원을 그렸습니다. 두 사람이 그린 원의 넓이의 차는 몇 cm²일까요? (원주율: 3.1)

생각하며 푼다!

답 _____

1. 오른쪽 직사각형 안에 그릴 수 있는 가장 큰 원의 넓이는 몇 cm²일까요? (원주율: 3.1)

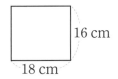

16 cm
18 cm

생각하며 푼다!

(그릴 수 있는 가장 큰 원의 반지름)=□÷2=□ (cm)

(원의 넓이)=(반지름)×(반지름)×(원주율)

　　　　　=□×□×□=□ (cm²)

답 _____

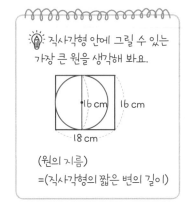

💡 직사각형 안에 그릴 수 있는 가장 큰 원을 생각해 봐요.

16 cm 16 cm
18 cm

(원의 지름)
=(직사각형의 짧은 변의 길이)

2. 오른쪽과 같은 직사각형 모양의 종이를 잘라 만들 수 있는 가장 큰 원의 넓이는 몇 cm²일까요? (원주율: 3.14)

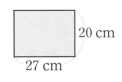

20 cm
27 cm

생각하며 푼다!

(만들 수 있는 가장 큰 원의 반지름)=□÷2=□ (cm)

(원의 넓이)=(□)×(□)×(원주율)

　　　　　= _____ =□ (cm²)

답 _____

✏️ 직사각형 안에 만들 수 있는 가장 큰 원을 그려 봐요.

20 cm
27 cm

3. 오른쪽과 같은 직사각형 모양의 종이를 잘라 만들 수 있는 가장 큰 원의 넓이는 몇 cm²일까요? (원주율: 3)

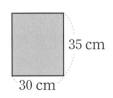

35 cm
30 cm

생각하며 푼다!

답 _____

✏️ 직사각형 안에 만들 수 있는 가장 큰 원을 그려 봐요.

35 cm
30 cm

문제에서 숫자는 ◯,
조건 또는 구하는 것은 ＿＿로
표시해 보세요.

1. 반지름이 5 cm인 원 가와 반지름이 10 cm인 원 나가 있습니다.
   원 나의 넓이는 원 가의 넓이의 몇 배일까요? (원주율: 3.14)

   생각하며 푼다!

   (원 가의 넓이)= 반지름 $\boxed{}$ × 반지름 $\boxed{}$ × 원주율 $\boxed{}$ = $\boxed{}$ (cm^2)

   (원 나의 넓이)= 반지름 $\boxed{}$ × 반지름 $\boxed{}$ × 원주율 $\boxed{}$ = $\boxed{}$ (cm^2)

   따라서 원 나의 넓이는 원 가의 넓이의

   $\boxed{}$ ÷ $\boxed{}$ = $\boxed{}$ (배)입니다.

   답 ＿＿＿＿＿＿＿＿＿＿＿＿

2. 반지름이 2 cm인 원 가와 반지름이 8 cm인 원 나가 있습니다.
   원 나의 넓이는 원 가의 넓이의 몇 배일까요? (원주율: 3.1)

   생각하며 푼다!

   (원 가의 넓이)= $\underline{}$ = $\boxed{}$ (cm^2)
   (반지름)×(반지름)×(원주율)

   (원 나의 넓이)= $\underline{}$ = $\boxed{}$ (cm^2)

   따라서 원 나의 넓이는 원 가의 넓이의

   $\boxed{}$ ÷ $\boxed{}$ = $\boxed{}$ (배)입니다.

   답 ＿＿＿＿＿＿＿＿＿＿＿＿

3. 반지름이 3 cm인 원 가와 반지름이 9 cm인 원 나가 있습니다.
   원 나의 넓이는 원 가의 넓이의 몇 배일까요? (원주율: 3)

   생각하며 푼다!

   답 ＿＿＿＿＿＿＿＿＿＿＿＿

반지름이 ■배이면
원의 넓이는
(■×■)배가 돼요.

21. 여러 가지 원의 넓이를 구하는 문장제

1. 오른쪽 도형에서 <u>색칠한 부분의 넓이</u>는 몇 cm²
일까요? (원주율:③.14)

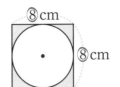

(색칠한 부분의 넓이)
=(정사각형의 넓이)−(원의 넓이)

생각하며 푼다!

(원의 반지름)=(지름)÷2=☐÷2=☐ (cm)

$\quad\quad$ 정사각형의 넓이 $\quad\quad\quad$ 원의 넓이

(색칠한 부분의 넓이)=☐×☐−☐×☐×☐

$\quad\quad\quad\quad$ =☐−☐=☐ (cm²)

답 _____

2. 오른쪽 도형에서 색칠한 부분의 넓이는 몇 cm²
일까요? (원주율: 3)

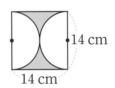

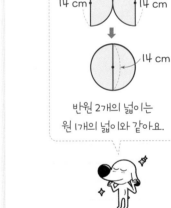

반원 2개의 넓이는
원 1개의 넓이와 같아요.

생각하며 푼다!

(원의 반지름)=(지름)÷2=☐÷☐=☐ (cm)

$\quad\quad$ 정사각형의 넓이 $\quad\quad\quad$ 원의 넓이

(색칠한 부분의 넓이)=_____×_____−_____×_____×_____

$\quad\quad\quad\quad$ =_____−_____=☐ (cm²)

답 _____

3. 오른쪽 도형에서 색칠한 부분의 넓이는 몇 cm²
일까요? (원주율: 3.1)

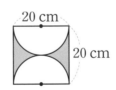

생각하며 푼다!

답 _____

문제에서 숫자는 ◯,
조건 또는 구하는 것은 ___로
표시해 보세요.

1. 민지는 오른쪽과 같이 반지름이 18 cm인 원 모양의 피자를 똑같이 4조각으로 나눈 것 중 1조각을 먹었습니다. 민지가 먹고 남은 피자의 넓이는 몇 cm²일까요? (원주율: 3)

18 cm

(원을 똑같이 ■로
나눈 것 중의 ▲의 넓이)
=(원의 넓이)×$\frac{▲}{■}$

생각하며 푼다!

남은 피자는 피자를 똑같이 4로 나눈 것 중의 ▢과 같습니다.

(처음 피자의 넓이)

=(반지름)×(반지름)×(원주율)

=▢×▢×▢=▢ (cm²)

(남은 피자의 넓이)

=(처음 피자의 넓이)×(남은 피자의 부분)

=▢×▢=▢ (cm²)

답 _____

2. 오른쪽과 같이 반지름이 10 cm인 원을 똑같이 6부분으로 나누었습니다. 색칠한 부분의 넓이는 몇 cm²일까요? (원주율: 3)

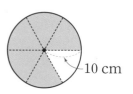
10 cm

생각하며 푼다!

색칠한 부분은 원을 똑같이 ▢으로 나눈 것 중의 ▢입니다.

(원의 넓이)

=(▢)×(▢)×(원주율)

= ___×___ = ▢ (cm²)

(색칠한 부분의 넓이)

=(원의 넓이)×(색칠한 부분)

= ___×___ = ▢ (cm²)

답 _____

1. 오른쪽 과녁판에서 빨간색 부분이 차지하는 부분의 넓이는 몇 cm²일까요? (원주율: 3)

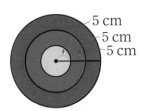

5 cm
5 cm
5 cm

생각하며 푼다!

(빨간색 부분이 차지하는 부분의 넓이)

= (반지름이 ⬜ cm인 원의 넓이) ← 가장 큰 원의 넓이

－ (반지름이 ⬜ cm인 원의 넓이) ← 둘째로 큰 원의 넓이

= ⬜ × ⬜ × ⬜ － ⬜ × ⬜ × ⬜

= ⬜ － ⬜ = ⬜ (cm²)

답 _____

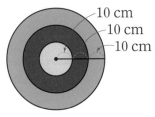

(빨간색 부분이 차지하는 부분의 넓이)
= (가장 큰 원의 넓이) － (둘째로 큰 원의 넓이)

5 cm
5 cm
5 cm

5 cm
5 cm

가장 큰 원   둘째로 큰 원

2. 오른쪽 과녁판에서 초록색 부분이 차지하는 부분의 넓이는 몇 cm²일까요? (원주율: 3.14)

10 cm
10 cm
10 cm

생각하며 푼다!

(초록색 부분이 차지하는 부분의 넓이)

= (반지름이 ⬜ cm인 원의 넓이)

－ (반시름이 ⬜ cm인 원의 넓이)

= ⬜ × ⬜ × ⬜ － ⬜ × ⬜ × ⬜

= _____ = ⬜ (cm²)

답 _____

1. 다음과 같은 잔디밭의 넓이는 몇 m²일까요? (원주율: 3.1)

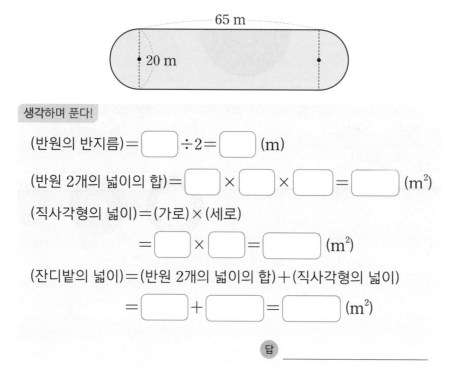

65 m

20 m

생각하며 푼다!

(반원의 반지름)=□÷2=□ (m)

(반원 2개의 넓이의 합)=□×□×□=□ (m²)

(직사각형의 넓이)=(가로)×(세로)

=□×□=□ (m²)

(잔디밭의 넓이)=(반원 2개의 넓이의 합)+(직사각형의 넓이)

=□+□=□ (m²)

답 _____

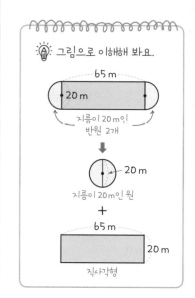

문제에서 숫자는 ◯,
조건 또는 구하는 것은 ____로
표시해 보세요.

☀ 그림으로 이해해 봐요.

65 m

20 m

지름이 20 m인
반원 2개

↓

20 m

지름이 20m인 원

+

65 m

20 m

직사각형

---

2. 다음과 같은 운동장의 넓이는 몇 m²일까요? (원주율: 3.14)

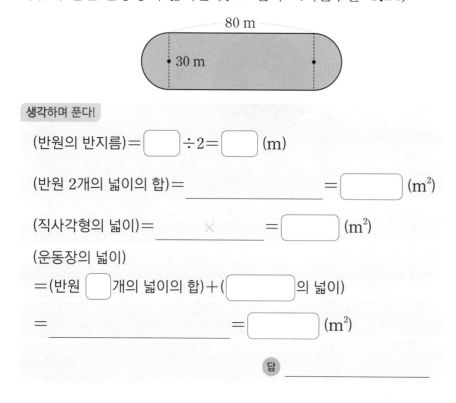

80 m

30 m

생각하며 푼다!

(반원의 반지름)=□÷2=□ (m)

(반원 2개의 넓이의 합)=_____=□ (m²)

(직사각형의 넓이)=_____×_____=□ (m²)

(운동장의 넓이)

=(반원 □개의 넓이의 합)+(□의 넓이)

=_____=□ (m²)

답 _____

22. 원의 둘레와 넓이를 활용하는 문장제

1. 오른쪽과 같이 색칠한 부분의 둘레와 넓이를
   각각 구하세요. (원주율: 3)

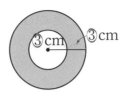

생각하며 푼다!

(색칠한 부분의 둘레)

= (반지름이 6 cm인 원의 원주) + (반지름이 3 cm인 원의 원주)

= □ ×2× □ + □ ×2× □

= □ + □ = □ (cm)

(색칠한 부분의 넓이)

= (반지름이 6 cm인 원의 넓이) − (반지름이 3 cm인 원의 넓이)

= □ × □ × □ − □ × □ × □

= □ − □ = □ (cm²)

답 둘레: _____, 넓이: _____

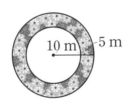

간단하게 생각해 봐요.

(색칠한 부분의 둘레)
= ① + ②
= (반지름이 6 cm인 원의 원주) + (반지름이 3 cm인 원의 원주)

2. 오른쪽과 같은 꽃밭의 둘레와 넓이를 각각 구
   하세요. (원주율: 3.14)

생각하며 푼다!

(꽃밭의 둘레)

= (반지름이 □ m인 원의 원주) + (반지름이 10 m인 원의 원주)

= _____ × _____ + _____ × _____

= _____ + _____ = □ (m)

(꽃밭의 넓이)

<u>반지름이 15 m인 원의 넓이</u>   <u>반지름이 10 m인 원의 넓이</u>

= _____ × _____ − _____ × _____

= _____ − _____ = □ (m²)

답 둘레: _____, 넓이: _____

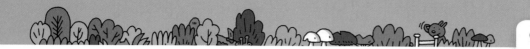

1. 원주가 42 cm인 원의 넓이는 몇 cm²일까요? (원주율: 3)

   생각하며 푼다!

   (지름)=(원주)÷(원주율)

   $$= \boxed{} ÷ \boxed{} = \boxed{} \text{ (cm)}$$

   (반지름)=(지름)÷2=$\boxed{} ÷ \boxed{} = \boxed{}$ (cm)

   (원의 넓이)=(반지름)×(반지름)×(원주율)

   $$= \boxed{} × \boxed{} × \boxed{} = \boxed{} \text{ (cm}^2)$$

   답 _____

문제에서 숫자는 ◯,
조건 또는 구하는 것은 ___로
표시해 보세요.

해결 순서

❶ 원주를 이용하여 지름 구하기

↓

❷ 반지름 구하기

↓

❸ 원의 넓이 구하기

2. 원주가 62 cm인 원의 넓이는 몇 cm²일까요? (원주율: 3.1)

   생각하며 푼다!

   (지름)=(원주)÷($\boxed{}$)

   $$= \underline{} = \boxed{} \text{ (cm)}$$

   (반지름)=(지름)÷$\boxed{}$=$\underline{}$=$\boxed{}$ (cm)

   (원의 넓이)=($\boxed{}$)×($\boxed{}$)×(원주율)

   $$= \underline{} = \boxed{} \text{ (cm}^2)$$

   답 _____

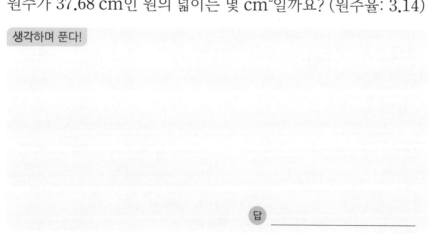

원주와 원주율을 알면
지름을 구할 수 있고,
넓이를 구하려면
반지름을 알아야 해요.

3. 원주가 37.68 cm인 원의 넓이는 몇 cm²일까요? (원주율: 3.14)

   생각하며 푼다!

   답 _____

1. 넓이가 50.24 cm^{2}인 원의 원주는 몇 cm일까요? (원주율: 3.14)

생각하며 푼다!

(원의 넓이)=(반지름)×(반지름)×(원주율)에서
(반지름)×(반지름)=(원의 넓이)÷(원주율)

$$= \boxed{} ÷ \boxed{} = \boxed{} \text{ (cm)이고,}$$

(반지름)×(반지름)= $\boxed{16}$ (cm)이므로

(반지름)= $\boxed{}$ cm, (지름)= $\boxed{}$ cm입니다.

(원주)=(지름)×(원주율)

$$= \boxed{} × \boxed{} = \boxed{} \text{ (cm)}$$

답 _____

해결 순서

❶ 원의 넓이를 이용하여
반지름과 지름 구하기

⬇

❷ 지름을 이용하여 원주
구하기

2. 넓이가 243 cm^{2}인 원의 원주는 몇 cm일까요? (원주율: 3)

생각하며 푼다!

(원의 넓이)=(반지름)×(반지름)×($\boxed{}$)에서

(반지름)×(반지름)=($\boxed{}$)÷($\boxed{}$)

$$= \underline{} = \boxed{} \text{ (cm)이고,}$$

(반지름)×(반지름)= $\boxed{}$ (cm)이므로

(반지름)= $\boxed{}$ cm, (지름)= $\boxed{}$ cm입니다.

(원주)=(지름)×($\boxed{}$)

$$= \underline{} = \boxed{} \text{ (cm)}$$

답 _____

5. 원의 넓이

점수 / 100
한 문항당 10점

1. 지름이 40 cm인 원 모양의 원반을 3바퀴 굴렸습니다. 원반이 굴러간 거리는 몇 cm일까요? (원주율: 3.1) (20점)

( )

2. 원주가 94.2 cm인 원 모양의 피자가 있습니다. 이 피자의 반지름은 몇 cm일까요? (원주율: 3.14)

( )

3. 끈을 겹치지 않게 남김없이 사용하여 지름이 60 cm인 원을 만들었습니다. 이 끈을 모두 잘라 크기가 같은 작은 원 3개를 만들려고 합니다. 작은 원의 지름은 몇 cm일까요? (원주율: 3.1) (20점)

( )

4. 지름이 20 m인 원 모양의 무대가 있습니다. 이 무대의 넓이는 몇 m²일까요? (원주율: 3.14)

( )

5. 다음과 같은 꽃밭의 넓이는 몇 m²일까요? (원주율: 3) (20점)

20 m
8 m

( )

6. 색칠한 부분의 넓이는 몇 cm²일까요? (원주율: 3.14) (20점)

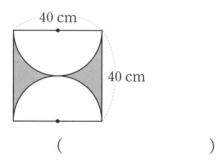

40 cm
40 cm

( )

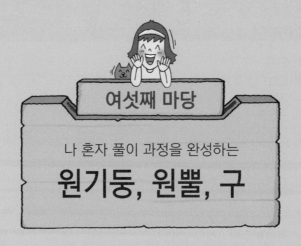

여섯째 마당

나 혼자 풀이 과정을 완성하는

원기둥, 원뿔, 구

여섯째 마당에서는 **원기둥, 원뿔, 구를 활용한 문장제**를 배웁니다.

원기둥과 원뿔은 원을 밑면으로 하는 입체도형이고,

구는 어느 방향에서 보아도 원 모양인 입체도형이에요.

평면도형을 돌려서 만들 수 있는 입체도형을 생각하며

생활 속 문장제를 해결해 보세요.

모양을 생각해 가며 원기둥과 각기둥, 원뿔과 각뿔의
공통점과 차이점도 함께 알아봐요.

23. 원기둥 문장제

1. 원기둥의 높이는 몇 cm일까요?
↳ 두 밑면에 수직인 선분의 길이
↳ 위와 아래에 있는 면이 서로 평행하고 합동인 원으로 이루어진 입체도형

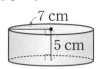

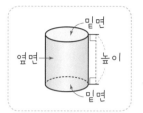

생각하며 푼다!

원기둥의 높이는 두 [밑면]에 수직인 선분의 길이입니다.

따라서 원기둥의 높이는 [ ] cm입니다.

답 _____ cm

> 단위를 꼭 써요!

2. 오른쪽 원기둥의 전개도에서 밑면의 둘레와 길이가 같은
선분을 모두 찾아 쓰세요.
↳ 서로 평행하고 합동인 두 면
↳ 원기둥을 잘라서 펼쳐 놓은 그림

생각하며 푼다!

밑면의 둘레는 원기둥의 전개도에서 옆면의 [가로]의 길이와 같습니다.

따라서 밑면의 둘레와 길이가 같은 선분은 선분 [ㄱㄷ], 선분 [ㄴㄹ]입니다.

답 _____

3. 오른쪽 원기둥의 전개도에서 ㉠과 ㉡은 각각 몇 cm인지 구
하세요. (원주율: 3)

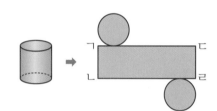

생각하며 푼다!

원기둥의 전개도에서 옆면의 가로는 밑면의 [둘레]와 같으므로

㉠=(밑면의 [ ])=(밑면의 [지름])×(원주율)=[ ]×[ ]=[ ] (cm)입니다.

원기둥의 전개도에서 옆면의 세로는 원기둥의 [높이]와 같으므로 ㉡=[ ] cm입니다.

답 ㉠: _____, ㉡: _____

문제에서 숫자는 ◯,
조건 또는 구하는 것은 ＿＿로
표시해 보세요.

1. 오른쪽 원기둥을 잘라서 만든 원기둥의 전개도
   에서 <u>옆면의 가로와 세로는 각각 몇 cm인지 구</u>
   하세요. (원주율: 3)

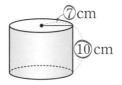
⑦cm
⑩cm

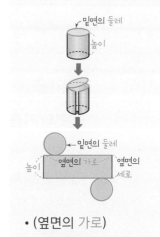

• (옆면의 가로)
  ＝(밑면의 둘레)
• (옆면의 세로)
  ＝(원기둥의 높이)

생각하며 푼다!

(옆면의 가로)＝(밑면의 반지름)×2×(원주율)
밑면의 둘레와 같아요.
　＝ ☐ × ☐ × ☐ ＝ ☐ (cm)

(옆면의 세로)＝(원기둥의 높이)＝ ☐ cm

답 옆면의 가로: ＿＿＿＿＿＿＿, 옆면의 세로: ＿＿＿＿＿＿＿

2. 오른쪽 원기둥을 잘라서 만든 원기둥의 전개도에
   서 옆면의 가로와 세로는 각각 몇 cm인지 구하세
   요. (원주율: 3.1)

6 cm
15 cm

생각하며 푼다!

(옆면의 가로)＝(밑면의 반지름)×2×(원주율)
　　　　＝＿＿＿＿＿＿＿＝ ☐ (cm)

(옆면의 세로)＝(원기둥의 ☐)＝ ☐ cm

답 옆면의 가로: ＿＿＿＿＿＿, 옆면의 세로: ＿＿＿＿＿＿

3. 오른쪽 원기둥을 잘라서 만든 원기둥의 전개도에
   서 옆면의 가로와 세로는 각각 몇 cm인지 구하세
   요. (원주율: 3.14)

10 cm
25 cm

생각하며 푼다!

답 옆면의 가로: ＿＿＿＿＿＿, 옆면의 세로: ＿＿＿＿＿＿

1. 원기둥의 전개도에서 원기둥의 밑면의 반지름은 몇 cm일까요?

(원주율: 3)

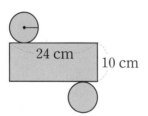

24 cm · 10 cm

문제에서 숫자는 ◯,
조건 또는 구하는 것은 ___로
표시해 보세요.

생각하며 푼다!

↱밑면의 둘레와 같아요.
(밑면의 지름)＝(옆면의 가로)÷(원주율)

$=\boxed{}÷\boxed{}=\boxed{}$ (cm)

(밑면의 반지름)＝(밑면의 지름)÷2

$=\boxed{}÷\boxed{}=\boxed{}$ (cm)

답 _____

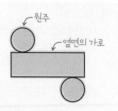

원주
옆면의 가로

- (옆면의 가로)
  ＝(원주)
  ＝(밑면의 지름)×(원주율)
- (밑면의 지름)
  ＝(옆면의 가로)÷(원주율)

2. 원기둥의 전개도에서 원기둥의 밑면의 반지름은 몇 cm일까요?

(원주율: 3.1)

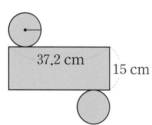

37.2 cm · 15 cm

생각하며 푼다!

(밑면의 지름)＝(옆면의 가로)÷($\boxed{}$)

$=\underline{}=\boxed{}$ (cm)

(밑면의 $\boxed{}$)＝(밑면의 지름)÷$\boxed{}$

$=\underline{}=\boxed{}$ (cm)

답 _____

1. 오른쪽 원기둥의 전개도에서 직사각형의 둘레는 몇 cm일까요? (원주율: 3)

↳옆면

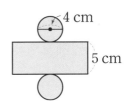

생각하며 푼다!

(옆면의 가로) = (밑면의 둘레)

= (밑면의 지름) × (원주율)

= ☐ × ☐ = ☐ (cm)

(옆면의 세로) = (원기둥의 높이) = ☐ cm

(직사각형의 둘레) = ((옆면의 가로) + (옆면의 세로)) × 2

= (☐ + ☐) × 2

= ☐ × 2 = ☐ (cm)

답 _____

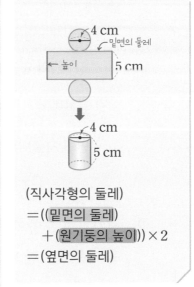

(직사각형의 둘레)
= ((**밑면의 둘레**)
+ (**원기둥의 높이**)) × 2
= (옆면의 둘레)

2. 밑면의 지름이 7 cm이고, 높이가 11 cm인 원기둥의 전개도가 있습니다. 이 전개도에서 직사각형의 둘레는 몇 cm일까요?

(원주율: 3.1)

생각하며 푼다!

(옆면의 가로) = (밑면의 ☐)

= (밑면의 지름) × (원주율)

= _____ = ☐ (cm)

(옆면의 세로) = (원기둥의 ☐) = ☐ cm

(직사각형의 둘레) = ((옆면의 가로) + (옆면의 세로)) × 2

= (_____) × 2

= ☐ × 2 = ☐ (cm)

답 _____

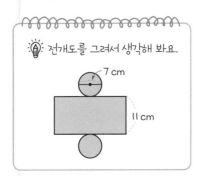

전개도를 그려서 생각해 봐요.

1. 직사각형 모양의 종이를 오른쪽과 같이 한 변을 기준으로 한 바퀴 돌려 만든 입체도형의 밑면의 지름은 몇 cm일까요?

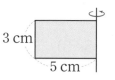

3 cm
5 cm

문제에서 숫자는 ◯, 조건 또는 구하는 것은 ___로 표시해 보세요.

생각하며 푼다!

만든 입체도형은 [원기둥]입니다.

[ ]의 밑면의 반지름은 돌리기 전 직사각형의 [가로]의 길이와 같으므로 [ ] cm입니다.

(밑면의 지름)= [ ] ×2= [ ] (cm)

반지름

답 _____

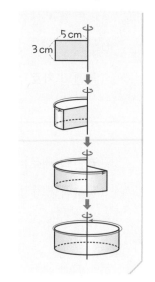

5 cm
3 cm

2. 직사각형 모양의 종이를 오른쪽과 같이 한 변을 기준으로 한 바퀴 돌려 만든 입체도형의 높이는 몇 cm일까요?

4 cm
9 cm

생각하며 푼다!

만든 입체도형은 [ ]입니다.

[ ]의 높이는 돌리기 전 직사각형의 [ ]의 길이와 같으므로 [ ] cm입니다.

답 _____

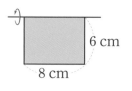

✏️ 한 바퀴 돌려 만든 입체 도형을 완성해 봐요.

3. 직사각형 모양의 종이를 오른쪽과 같이 한 변을 기준으로 한 바퀴 돌려 만든 입체도형의 높이는 몇 cm일까요?

6 cm
8 cm

생각하며 푼다!

답 _____

✏️ 한 바퀴 돌려 만든 입체 도형을 완성해 봐요.

1. 직사각형 모양의 종이를 오른쪽과 같이 한 변을 기준으로 한 바퀴 돌려 만든 입체도형의 옆면의 넓이는 몇 cm²일까요? (원주율: 3)

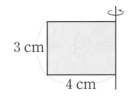
3 cm
4 cm

생각하며 푼다!

(옆면의 가로)=(밑면의 반지름)× $\boxed{}$ ×(원주율)

$= \boxed{} \times \boxed{} \times \boxed{} = \boxed{}$ (cm)

(옆면의 넓이)=(옆면의 가로)×(옆면의 세로)

$= \boxed{} \times \boxed{} = \boxed{}$ (cm²)

답 _____

옆면의 가로는 밑면의 둘레와 같아요.

2. 직사각형 모양의 종이를 오른쪽과 같이 한 변을 기준으로 한 바퀴 돌려 만든 입체도형의 옆면의 넓이는 몇 cm²일까요? (원주율: 3.1)

7 cm
3 cm

생각하며 푼다!

(밑면의 반지름)×2×(원주율)

(옆면의 가로)= $\underline{ \times \times }$ = $\boxed{}$ (cm)

(옆면의 가로)×(옆면의 세로)

(옆면의 $\boxed{}$)= $\underline{ \times }$ = $\boxed{}$ (cm²)

답 _____

✎ 한 바퀴 돌려 만든 입체 도형을 완성해 봐요.

3. 직사각형 모양의 종이를 오른쪽과 같이 한 변을 기준으로 한 바퀴 돌려 만든 입체도형의 옆면의 넓이는 몇 cm²일까요? (원주율: 3)

11 cm
5 cm

생각하며 푼다!

답 _____

✎ 한 바퀴 돌려 만든 입체 도형을 완성해 봐요.

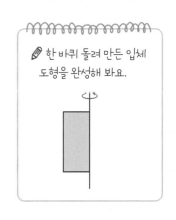

1. 오른쪽과 같은 원기둥의 전개도를 그렸을 때 옆면의 넓이가 288 cm²였습니다. 원기둥의 높이는 몇 cm일까요? (원주율: 3)

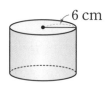

문제에서 숫자는 ◯,
조건 또는 구하는 것은 ___로
표시해 보세요.

생각하며 푼다!

(옆면의 가로) = (밑면의 반지름) × 2 × (원주율)
  밑면의 둘레

  = ☐ × ☐ × ☐ = ☐ (cm)

원기둥의 높이는 전개도에서 옆면의 [세로]와 같으므로

(옆면의 세로) = (옆면의 넓이) ÷ (옆면의 가로)

  = ☐ ÷ ☐ = ☐ (cm)입니다.

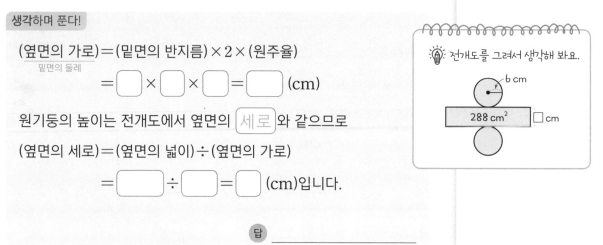

💡 전개도를 그려서 생각해 봐요.

6 cm

288 cm² ☐ cm

답 _____

2. 오른쪽과 같은 원기둥의 전개도를 그렸을 때 옆면의 넓이가 217 cm²였습니다. 원기둥의 높이는 몇 cm일까요? (원주율: 3.1)

생각하며 푼다!

(옆면의 가로) = (밑면의 ☐) × (원주율)

  = ____ × ____ = ☐ (cm)

원기둥의 높이는 전개도에서 _____ 와 같으므로

(옆면의 세로) = (옆면의 ☐) ÷ (옆면의 ☐)

  = ____ ÷ ____ = ☐ (cm)입니다.

답 _____

원기둥의 높이는
전개도에서
옆면의 세로와 같아요.

1. 오른쪽 원은 원기둥을 위에서 본 모양을 그린 것입니다. 이 원기둥의 높이가 8 cm일 때 원기둥의 옆면의 넓이는 몇 cm²일까요? (원주율: 3)

3 cm

생각하며 푼다!

밑면의 반지름이 ☐ cm이고 높이가 ☐ cm인 원기둥입니다.

옆면의 가로   옆면의 세로

(원기둥의 옆면의 넓이)=(밑면의 지름)×(원주율)×(높이)

= ☐ × ☐ × ☐ = ☐ (cm²)

답 _____

2. 오른쪽 원은 원기둥을 위에서 본 모양을 그린 것입니다. 이 원기둥의 높이가 5 cm일 때 원기둥의 옆면의 넓이는 몇 cm²일까요? (원주율: 3.14)

8 cm

생각하며 푼다!

밑면의 반지름이 ☐ cm이고 높이가 ☐ cm인 원기둥입니다.

(원기둥의 옆면의 넓이)=(밑면의 지름)×(원주율)×(☐)

= _____ = ☐ (cm²)

답 _____

3. 오른쪽 원은 원기둥을 위에서 본 모양을 그린 것입니다. 이 원기둥의 높이가 10 cm일 때 원기둥의 옆면의 넓이는 몇 cm²일까요? (원주율: 3.1)

12 cm

생각하며 푼다!

답 _____

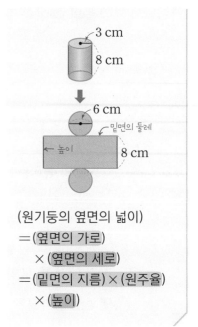

(원기둥의 옆면의 넓이)
=(옆면의 가로)
  ×(옆면의 세로)
=(밑면의 지름)×(원주율)
  ×(높이)

위에서 본 모양은 원기둥의 밑면의 모양과 같아요.

24. 원뿔 문장제

1. 원뿔의 높이와 모선의 길이는 각각 몇 cm일까요?

   꼭짓점과 밑면인 원의 둘레의 한 점을 이은 선분

   원뿔의 꼭짓점에서 밑면에 수직인 선분의 길이

   4 cm 5 cm 3 cm

   원뿔은 평평한 면이 원이고 옆을 둘러싼 면이 굽은 면인 뿔 모양의 입체도형이에요.

   생각하며 푼다!

   원뿔의 높이는 ☐ cm이고, 모선의 길이는 ☐ cm입니다.

   답 원뿔의 높이: _____ cm, 모선의 길이: _____ cm

   단위를 꼭 써요!

2. 직각삼각형 모양의 종이를 한 변을 기준으로 한 바퀴 돌려 만든 입체도형의 밑면의 지름은 몇 cm일까요?

   평평한 면

   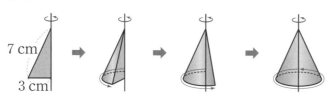

   7 cm 3 cm

   직각삼각형 모양의 종이를 한 변을 기준으로 한 바퀴 돌리면 **원뿔**이 만들어져요.

   생각하며 푼다!

   직각삼각형 모양의 종이를 한 변을 기준으로 한 바퀴 돌리면 밑면의 지름이

   (밑면의 반지름)×2= ☐ × ☐ = ☐ (cm)인 ☐ 이 만들어집니다.

   답 _____

3. 원뿔 가와 원뿔 나의 높이의 차는 몇 cm일까요?

   가   17 cm 16 cm 15 cm
   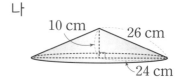
   나   10 cm 26 cm 24 cm

   생각하며 푼다!

   원뿔 가의 높이는 ☐ cm, 원뿔 나의 높이는 ☐ cm입니다.

   따라서 원뿔 가와 원뿔 나의 높이의 차는 ☐ - ☐ = ☐ (cm)입니다.

   답 _____

1. 직각삼각형 모양의 종이를 오른쪽과 같이 <u>한 변을 기준으로 한 바퀴 돌려 만든 입체도형의 밑면의 지름과 높이의 차</u>는 몇 cm일까요?

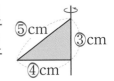

문제에서 숫자는 ◯,
조건 또는 구하는 것은 ___로
표시해 보세요.

생각하며 푼다!

(밑면의 지름)=(밑면의 반지름)×2=□×2=□(cm)

(높이)=□ cm

(밑면의 지름과 높이의 차)=□-□=□(cm)

답 _____

✎ 한 바퀴 돌려 만든 입체도형을 완성해 봐요.

2. 직각삼각형 모양의 종이를 오른쪽과 같이 한 변을 기준으로 한 바퀴 돌려 만든 입체도형의 밑면의 지름과 높이의 차는 몇 cm일까요?

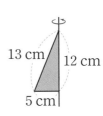

생각하며 푼다!

(밑면의 지름)=(밑면의 반지름)×□=_____=□(cm)

(높이)=□ cm

(밑면의 지름과 높이의 차)=_____=□(cm)

답 _____

✎ 한 바퀴 돌려 만든 입체도형을 완성해 봐요.

3. 직각삼각형 모양의 종이를 오른쪽과 같이 한 변을 기준으로 한 바퀴 돌려 만든 입체도형의 밑면의 지름과 높이의 차는 몇 cm일까요?

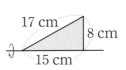

생각하며 푼다!

답 _____

✎ 한 바퀴 돌려 만든 입체도형을 완성해 봐요.

1. 오른쪽 원뿔을 앞에서 본 모양의 둘레가 18 cm일
   때 밑면의 반지름은 몇 cm일까요?

6 cm

문제에서 숫자는 ○,
조건 또는 구하는 것은 ___로
표시해 보세요.

생각하며 푼다!

원뿔을 앞에서 본 모양은 두 변의 길이가 □cm인
이등변삼각형입니다.

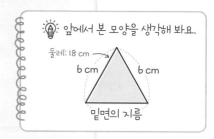

앞에서 본 모양의 둘레 ⌐
(밑면의 지름)= □ −6−6= □ (cm)

밑면의 지름 ⌐
(밑면의 반지름)= □ ÷2= □ (cm)

답 _____

💡 앞에서 본 모양을 생각해 봐요.
둘레: 18 cm →
6 cm   6 cm
밑면의 지름

2. 오른쪽 원뿔을 앞에서 본 모양의 둘레가 32 cm
   일 때 밑면의 반지름은 몇 cm일까요?

10 cm

원뿔의 모선의 길이는
모두 같아요.

생각하며 푼다!

원뿔을 앞에서 본 모양은 두 변의 길이가
_____ 입니다.

(밑면의 지름)= □ − □ − □ = □ (cm)

(밑면의 반지름)= □ ÷2= □ (cm)

답 _____

✏️ 앞에서 본 모양을 그려 봐요.

3. 원뿔의 모선의 길이가 8 cm이고 앞에서 본 모양의 둘레가 22 cm
   일 때 밑면의 반지름은 몇 cm일까요?

생각하며 푼다!

답 _____

1. 오른쪽 원뿔을 위와 앞에서 본 모양의 넓이의 차는 몇 cm²일까요? (원주율: 3.1)

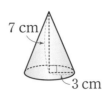
7 cm
3 cm

생각하며 푼다!

위에서 본 모양은 반지름이 ☐ cm인 ☐ 입니다.

(위에서 본 모양의 넓이)=(반지름)×(반지름)×(원주율)

$= ☐ × ☐ × ☐ = ☐$ (cm²)

앞에서 본 모양은 밑변의 길이가 ☐ cm, 높이가 ☐ cm인 삼각형 입니다.

(앞에서 본 모양의 넓이)=(밑변의 길이)×(높이)÷2

$= ☐ × ☐ ÷ ☐ = ☐$ (cm²)

따라서 넓이의 차는 ☐ − ☐ = ☐ (cm²)입니다.

답 _____

💡 그림을 그려서 생각해 봐요.

위에서 본 모양

3 cm

앞에서 본 모양

7 cm

6 cm

2. 오른쪽 원뿔을 위와 앞에서 본 모양의 넓이의 차는 몇 cm²일까요? (원주율: 3)

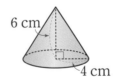
6 cm
4 cm

생각하며 푼다!

위에서 본 모양은 반지름이 ☐ cm인 ☐ 입니다.

(반지름)×(반지름)×(원주율)

(위에서 본 모양의 넓이)= _____ = ☐ (cm²)

앞에서 본 모양은 밑변의 길이가 ☐ cm, 높이가 ☐ cm인 ☐ 입니다.

(밑변의 길이)×(높이)÷2

(앞에서 본 모양의 넓이)= _____ = ☐ (cm²)

따라서 넓이의 차는 ☐ − ☐ = ☐ (cm²)입니다.

답 _____

✏️ 그림을 그려서 생각해 봐요.

위에서 본 모양

앞에서 본 모양

공 모양의 입체도형

1. 구에서 선분 ㅇㄱ은 몇 cm일까요?

구의 반지름은 구의 중심에서
구의 겉면의 한 점을 이은 선분이에요.

생각하며 푼다!

선분 ㅇㄱ은 구의 [ ]이므로 [ ] cm입니다.

답 _____ cm

단위를 꼭 써요!

2. 구의 지름은 몇 cm일까요?

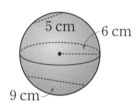

생각하며 푼다!

구의 반지름은 [ ] cm이므로 구의 지름은 [ ] × 2 = [ ] (cm)입니다.

답 _____

3. 반원 모양의 종이를 지름을 기준으로 한 바퀴 돌려 만든 입체도형의 반지름은 몇 cm일까요?

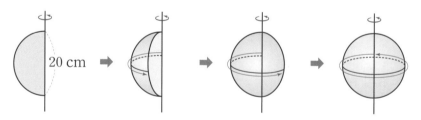

생각하며 푼다!

반원 모양의 종이를 지름을 기준으로 한 바퀴 돌리면 반지름이 반원의 반지름과 같은 [ ]가

만들어집니다.

따라서 입체도형의 반지름은 [ ] ÷ 2 = [ ] (cm)입니다.

답 _____

1. 오른쪽과 같은 <u>구를 옆에서 본 모양의 둘레</u>는 몇 cm일까요? (원주율: ③)

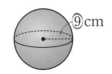

⑨cm

생각하며 푼다!

구를 옆에서 본 모양은 반지름이 ▢ cm인 원입니다.

(원의 둘레)＝(반지름)×2×(원주율)

구를 옆에서 본
모양의 둘레 ＝ ▢ × ▢ × ▢ ＝ ▢ (cm)

답 ＿＿＿＿＿＿＿＿＿＿

2. 오른쪽과 같은 구를 위에서 본 모양의 둘레는 몇 cm일까요? (원주율: 3.1)

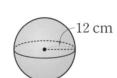

12 cm

생각하며 푼다!

구를 위에서 본 모양은 반지름이 ▢ cm인 ▢ 입니다.

(원의 둘레)＝(반지름)×2×(원주율)

＝ ＿＿＿＿＿＿＿ ＝ ▢ (cm)

답 ＿＿＿＿＿＿＿＿＿＿

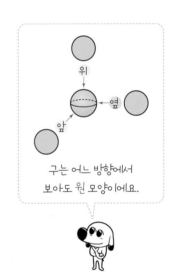

위
옆
앞

구는 어느 방향에서
보아도 원 모양이에요.

3. 오른쪽과 같은 구를 앞에서 본 모양의 둘레는 몇 cm일까요? (원주율: 3.14)

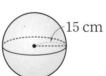

15 cm

생각하며 푼다!

답 ＿＿＿＿＿＿＿＿＿＿

문제에서 숫자는 ○,
조건 또는 구하는 것은 ＿＿ 로
표시해 보세요.

1. 반지름이 7 cm인 구를 잘랐을 때 생기는 가장 큰 단면의 둘레와 넓이를 각각 구하세요. (원주율: 3)

   생각하며 푼다!

   (가장 큰 단면의 둘레) = (반지름) × 2 × (원주율)
   = ◯ × ◯ × ◯ = ◯ (cm)
   (가장 큰 단면의 넓이) = (반지름) × (반지름) × (원주율)
   = ◯ × ◯ × ◯ = ◯ (cm²)

   답 둘레: _____, 넓이: _____

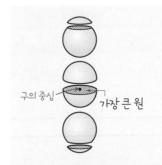

문제에서 숫자는 ◯, 조건 또는 구하는 것은 ____로 표시해 보세요.

구를 잘랐을 때 생기는 단면은 구의 중심을 지날 때 가장 큽니다.

구의 중심 · 가장 큰 원

2. 반지름이 5 cm인 구를 잘랐을 때 생기는 가장 큰 단면의 둘레와 넓이를 각각 구하세요. (원주율: 3.1)

   생각하며 푼다!

   (가장 큰 단면의 둘레) = (반지름) × ◯ × (원주율)
   = _____ = ◯ (cm)
   (가장 큰 단면의 넓이) = (반지름) × (반지름) × (◯)
   = _____ = ◯ (cm²)

   답 둘레: _____, 넓이: _____

🖉 가장 큰 단면을 생각해 봐요.

◯ cm

3. 반지름이 9 cm인 구를 잘랐을 때 생기는 가장 큰 단면의 둘레와 넓이를 각각 구하세요. (원주율: 3.1)

   생각하며 푼다!

   답 둘레: _____, 넓이: _____

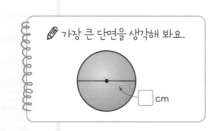

🖉 가장 큰 단면을 생각해 봐요.

◯ cm

1. 오른쪽은 반원 모양의 종이를 지름을 기준으로
   한 바퀴 돌려 만든 입체도형입니다. 돌리기 전의
   종이의 넓이는 몇 cm^2일까요? (원주율: 3.1)

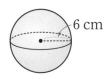

   생각하며 푼다!

   돌리기 전의 종이의 모양은 반지름이 ☐ cm인 반원입니다.

   (돌리기 전의 종이의 넓이)

   =(반지름)×(반지름)×(원주율)÷2

   =☐×☐×☐÷☐=☐ (cm^2)

   답 _____

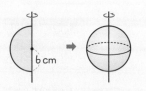

반원 모양의 종이를 지름을 기준으로 한 바퀴 돌리면 구가 만들어집니다.

2. 오른쪽은 반원 모양의 종이를 지름을 기준으로
   한 바퀴 돌려 만든 입체도형입니다. 돌리기 전의
   종이의 넓이는 몇 cm^2일까요? (원주율: 3.14)

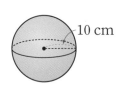

   생각하며 푼다!

   돌리기 전의 종이의 모양은 반지름이 ☐ cm인 ☐입니다.

   (돌리기 전의 종이의 넓이)

   =(반지름)×(반지름)×(원주율)÷☐

   = _____ =☐ (cm^2)

   답 _____

3. 오른쪽은 반원 모양의 종이를 지름을 기준으로
   한 바퀴 돌려 만든 입체도형입니다. 돌리기 전의
   종이의 넓이는 몇 cm^2일까요? (원주율: 3)

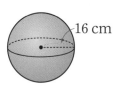

   생각하며 푼다!

   답 _____

26. 원기둥, 원뿔, 구를 활용하는 문장제

1. 오른쪽과 같은 원기둥과 원뿔이 있습니다. <u>두 입체도형의 높이의 차는 몇 cm일까요?</u>

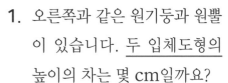
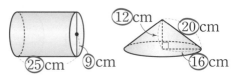

생각하며 푼다!

원기둥의 높이는 ☐ cm이고, 원뿔의 높이는 ☐ cm입니다.

따라서 두 입체도형의 높이의 차는 ☐ − ☐ = ☐ (cm)
입니다.

답 _____

2. 오른쪽과 같은 원뿔과 원기둥이 있습니다. 두 입체도형의 높이의 차는 몇 cm일까요?

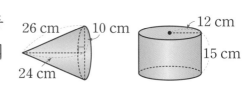

생각하며 푼다!

원뿔의 높이는 ☐ cm이고, 원기둥의 높이는 ☐ cm입니다.

따라서 두 입체도형의 높이의 차는 _____ = ☐ (cm)
입니다.

답 _____

3. 오른쪽과 같은 원기둥과 원뿔이 있습니다. 두 입체도형의 높이의 차는 몇 cm일까요?

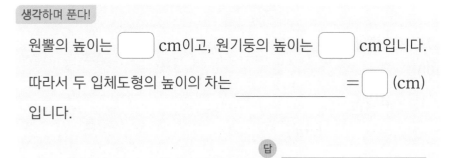

생각하며 푼다!

답 _____

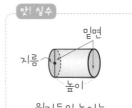

문제에서 숫자는 ◯,
조건 또는 구하는 것은 ____로
표시해 보세요.

앗! 실수

원기둥의 높이는
두 밑면에 수직인 선분의
길이로 밑면의 지름과
헷갈리면 안 돼요.

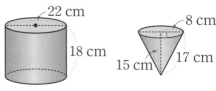

1. 오른쪽과 같은 원기둥과 원뿔을 각각 앞에서 본 모양의 넓이의 차는 몇 cm²일까요?

 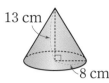

생각하며 푼다!

원기둥을 앞에서 본 모양은 가로가 ☐ cm, 세로가 ☐ cm인 직사각형입니다.

(☐ 의 넓이)= ☐ × ☐ = ☐ (cm²)
　　　　　　　　 가로　　세로

원뿔을 앞에서 본 모양은 밑변의 길이가 ☐ cm,

높이가 ☐ cm인 삼각형입니다.

(☐ 의 넓이)= ☐ × ☐ ÷ ☐ = ☐ (cm²)
　　　　　　　　 밑변　　높이

(앞에서 본 모양의 넓이의 차)= ☐ − ☐ = ☐ (cm²)

답 _____

💡 그림을 그려서 생각해 봐요.

원기둥을 **앞**에서 본 모양

12 cm

8 cm

원뿔을 **앞**에서 본 모양

13 cm

16 cm

2. 오른쪽과 같은 구와 원뿔을 각각 앞에서 본 모양의 넓이의 차는 몇 cm²일까요? (원주율: 3)

 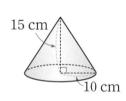

	위	앞	옆
원기둥	원	직사각형	
원뿔	원	삼각형	
구		원	

생각하며 푼다!

답 _____

✏️ 그림을 그려서 생각해 봐요.

구를 **앞**에서 본 모양

원뿔을 **앞**에서 본 모양

6. 원기둥, 원뿔, 구

1. 원기둥의 전개도에서 원기둥의 밑면의 반지름은 몇 cm일까요? (원주율: 3.1)

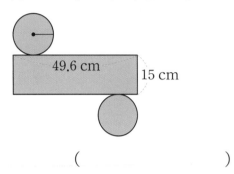

49.6 cm　15 cm

(　　　　　　)

2. 직사각형 모양의 종이를 다음과 같이 한 변을 기준으로 한 바퀴 돌려 만든 입체도형의 옆면의 넓이는 몇 cm²일까요? (원주율: 3.1) (20점)

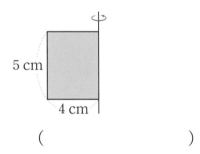

5 cm　4 cm

(　　　　　　)

3. 원기둥의 전개도를 그렸을 때 옆면의 넓이가 72 cm²였습니다. 원기둥의 높이는 몇 cm일까요? (원주율: 3) (20점)

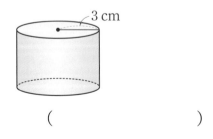

3 cm

(　　　　　　)

4. 원뿔을 앞에서 본 모양의 둘레가 30 cm일 때 밑면의 반지름은 몇 cm일까요?

(20점)

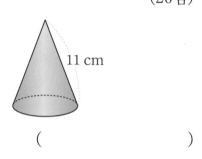

11 cm

(　　　　　　)

5. 구를 앞에서 본 모양의 둘레는 몇 cm일까요? (원주율: 3.14)

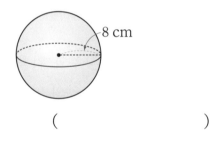

8 cm

(　　　　　　)

6. 원기둥과 원뿔을 각각 앞에서 본 모양의 넓이의 차는 몇 cm²일까요? (20점)

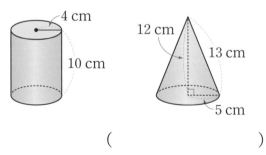

4 cm　10 cm　12 cm　13 cm　5 cm

(　　　　　　)

나 혼자 푼다! 수학 문장제

6학년 2학기

스마트폰으로도
정답을 확인할 수
있어요!

정답 및 풀이

첫째 마당·분수의 나눗셈

01. 분모가 같은 (분수)÷(분수) 문장제

10쪽

1. 생각하며 푼다! 0, 3 / 3

   답 3

2. 생각하며 푼다! 6, 2, 6, 2 / 6, 2, 3

   답 3

3. 생각하며 푼다! 3, 2, 3, 2 / 3, 2, $\frac{3}{2}$, $1\frac{1}{2}$

   답 $1\frac{1}{2}$

11쪽

1. 생각하며 푼다! $\frac{3}{4}$, $\frac{1}{4}$, 3, 1, 3

   답 3도막

2. 생각하며 푼다! 한 도막의 길이 / $\frac{4}{5}$, $\frac{2}{5}$ / 4÷2 / 2

   답 2도막

3. 생각하며 푼다!

   ㉅ (도막 수)

   =(전체 털실의 길이)÷(한 도막의 길이)

   =$\frac{9}{10}$÷$\frac{3}{10}$=9÷3=3(도막)

   답 3도막

12쪽

1. 생각하며 푼다! $\frac{5}{6}$, $\frac{1}{6}$, 5, 1, 5

   답 5번

2. 생각하며 푼다! 한 병에 담은 / $\frac{9}{11}$, $\frac{3}{11}$ / 9÷3 / 3

   답 3개

3. 생각하며 푼다!

   ㉅ (페인트를 담은 통 수)

   =(전체 페인트의 양)÷(한 통에 담은 페인트의 양)

   =$\frac{14}{15}$÷$\frac{2}{15}$=14÷2=7(개)

   답 7개

13쪽

1. 생각하며 푼다! $\frac{4}{7}$, $\frac{1}{7}$, 4, 1, 4 / $\frac{10}{11}$, $\frac{2}{11}$, 10, 2, 5 /

   초록 / 5, 4, 1

   답 초록색 테이프, 1도막

2. 생각하며 푼다! 전체 / ㉅ $\frac{8}{9}$÷$\frac{2}{9}$=8÷2=4 /

   전체, 한 컵에 따른 /

   ㉅ $\frac{12}{13}$÷$\frac{4}{13}$=12÷4=3 /

   ㉅ 귤 주스가 4−3=1(컵) 더 많습니다

   답 귤 주스, 1컵

14쪽

1. 생각하며 푼다! $\frac{2}{5}$, $\frac{3}{5}$, 2, 3, $\frac{2}{3}$

   답 $\frac{2}{3}$ kg

2. 생각하며 푼다! 무게, 길이 / $\frac{4}{7}$÷$\frac{3}{7}$ / 4, 3, $\frac{4}{3}$, $1\frac{1}{3}$

   답 $1\frac{1}{3}$ kg

3. 생각하며 푼다!

   ㉅ (철근 1 m의 무게)

   =(철근의 무게)÷(철근의 길이)

   =$\frac{7}{9}$÷$\frac{5}{9}$=7÷5=$\frac{7}{5}$=$1\frac{2}{5}$ (kg)

   답 $1\frac{2}{5}$ kg

15쪽

1. 생각하며 푼다! $\frac{2}{7}$, $\frac{3}{7}$, 2, 3, $\frac{2}{3}$ / $\frac{2}{3}$

   답 $\frac{2}{3}$배

2. 생각하며 푼다! 소희, 지호 / $\frac{5}{8}$, $\frac{3}{8}$ / 5÷3 / $\frac{5}{3}$, $1\frac{2}{3}$

   / $1\frac{2}{3}$

   답 $1\frac{2}{3}$배

3. 생각하며 푼다!

예) (코코넛의 무게)÷(망고의 무게)

$$=\frac{7}{11} \div \frac{4}{11} = 7 \div 4 = \frac{7}{4} = 1\frac{3}{4}(배)$$

따라서 코코넛의 무게는 망고의 무게의 $1\frac{3}{4}$배입니다.

답 $1\frac{3}{4}$배

02. 분모가 다른 (분수)÷(분수) 문장제

16쪽

1. 생각하며 푼다! 2, 12, 10 / 10, 10, 10

   답 10

2. 생각하며 푼다! 4, 3 / 8, 9 / 8, 9, $\frac{8}{9}$

   답 $\frac{8}{9}$

3. 생각하며 푼다! 2, 2 / 10, 5 / 10, 5, 2 / 2

   답 2개

17쪽

1. 생각하며 푼다! $\frac{3}{4}, \frac{3}{8}$ / $\frac{6}{8}, \frac{3}{8}$ / 6, 3, 2

   답 2개

2. 생각하며 푼다! $\frac{2}{3}, \frac{2}{15}$ / $\frac{10}{15} \div \frac{2}{15}$ / 10÷2 / 5

   답 5개

3. 생각하며 푼다!

   예) (필요한 봉지 수)

   =(전체 쌀의 양)÷(한 봉지에 담을 쌀의 양)

   $$=\frac{4}{7} \div \frac{2}{21} = \frac{12}{21} \div \frac{2}{21} = 12 \div 2 = 6(개)$$

   답 6개

18쪽

1. 생각하며 푼다! $\frac{5}{6}, \frac{1}{8}$ / $\frac{20}{24}, \frac{3}{24}$ / 20, 3 / $\frac{20}{3}$, $6\frac{2}{3}$

   답 $6\frac{2}{3}$ cm

2. 생각하며 푼다! $\frac{9}{14}, \frac{1}{7}$ / $\frac{9}{14}, \frac{2}{14}$ / 9÷2 / $\frac{9}{2}$, $4\frac{1}{2}$

   답 $4\frac{1}{2}$ cm

3. 생각하며 푼다!

   예) (1분 동안 기어갈 수 있는 거리)

   =(기어간 거리)÷(걸린 시간)

   $$=\frac{8}{15} \div \frac{1}{3} = \frac{8}{15} \div \frac{5}{15}$$

   $$=8 \div 5 = \frac{8}{5} = 1\frac{3}{5} (cm)$$

   답 $1\frac{3}{5}$ cm

03. (자연수)÷(분수) 문장제

19쪽

1. 생각하며 푼다! 4, 2, 3 / 2, 3, 6

   답 6

2. 생각하며 푼다! 9, 3, 4 / 3, 4, 12 / 12

   답 12

3. 생각하며 푼다! 4, $\frac{2}{5}$ / 4, 2, 5 / 2, 5, 10

   답 10

20쪽

1. 생각하며 푼다! 6, $\frac{2}{7}$ / 6, 2, 7 / 3, 7, 21

   답 21도막

2. 생각하며 푼다! 10, $\frac{5}{6}$ / 10÷5 / 6 / 2×6 / 12

   답 12개

3. 생각하며 푼다!

   예) (식혜를 마실 수 있는 날수)

   =(전체 식혜의 양)÷(하루에 마시는 식혜의 양)

   $$=12 \div \frac{4}{5} = (12 \div 4) \times 5 = 3 \times 5 = 15(일)$$

   답 15일

1. 생각하며 푼다! $2, \dfrac{2}{3}$ / 2, 2, 3 / 1, 3, 3

   답 3 kg

2. 생각하며 푼다! 쇠막대의 길이 / $3, \dfrac{3}{7}$ / 3÷3 / 7 /

   1×7 / 7

   답 7 kg

3. 생각하며 푼다!

   예 (철근 1 m의 무게)

   =(철근의 무게)÷(철근의 길이)

   $= 8 \div \dfrac{4}{5} = (8 \div 4) \times 5 = 2 \times 5 = 10 \text{ (kg)}$

   답 10 kg

---

04. 분수의 곱셈으로 계산하는 (분수)÷(분수) 문장제

1. 생각하며 푼다! $\dfrac{7}{5}, \dfrac{14}{15}$

   답 $\dfrac{14}{15}$

2. 생각하며 푼다! $8, \dfrac{16}{7}, 2\dfrac{2}{7}$

   답 $2\dfrac{2}{7}$

3. 생각하며 푼다! $\dfrac{7}{5}, \dfrac{9}{2}, \dfrac{63}{10}, 6\dfrac{3}{10}$

   답 $6\dfrac{3}{10}$

1. 생각하며 푼다! $\dfrac{3}{5}$ / $\dfrac{3}{5}, \dfrac{4}{7}$ / $\dfrac{3}{5}, \dfrac{7}{4}$ / $\dfrac{21}{20}, 1\dfrac{1}{20}$

   답 $1\dfrac{1}{20}$

2. 생각하며 푼다! $1\dfrac{1}{4}, \dfrac{6}{7}$ / $1\dfrac{1}{4}, \dfrac{6}{7}$ / $\dfrac{5}{4} \times \dfrac{7}{6}$ / $\dfrac{35}{24},$

   $1\dfrac{11}{24}$

   답 $1\dfrac{11}{24}$

3. 생각하며 푼다!

   예 어떤 수를 ■라 하면 $■ \times \dfrac{5}{8} = \dfrac{7}{12}$,

   $■ = \dfrac{7}{12} \div \dfrac{5}{8} = \dfrac{7}{\overset{}{\underset{3}{12}}} \times \dfrac{\overset{2}{8}}{5} = \dfrac{14}{15}$ 입니다.

   답 $\dfrac{14}{15}$

1. 생각하며 푼다! 세로 / $\dfrac{5}{6}, \dfrac{1}{2}$ / $\dfrac{5}{6}, 2$ / $\dfrac{5}{3}, 1\dfrac{2}{3}$

   답 $1\dfrac{2}{3}$ m

2. 생각하며 푼다! 밑변의 길이 / $\dfrac{3}{5}, \dfrac{6}{7}$ / $\dfrac{3}{5} \times \dfrac{7}{\overset{}{\underset{2}{6}}}^{1}$ / $\dfrac{7}{10}$

   답 $\dfrac{7}{10}$ m

3. 생각하며 푼다!

   예 (세로)=(직사각형의 넓이)÷(가로)

   $= 2\dfrac{1}{4} \div \dfrac{5}{8} = \dfrac{9}{\overset{}{\underset{1}{4}}} \times \dfrac{\overset{2}{8}}{5} = \dfrac{18}{5} = 3\dfrac{3}{5} \text{ (m)}$

   답 $3\dfrac{3}{5}$ m

1. 생각하며 푼다! $1\dfrac{3}{4}, \dfrac{2}{11}$ / $\dfrac{7}{4}, \dfrac{11}{2}$ / $\dfrac{77}{8}, 9\dfrac{5}{8}$

   답 $9\dfrac{5}{8}$ km

2. 생각하며 푼다! 거리 / $6\dfrac{2}{3}, \dfrac{5}{7}$ / $\dfrac{\overset{4}{20}}{3} \times \dfrac{7}{\overset{}{\underset{1}{5}}}$ / $\dfrac{28}{3}, 9\dfrac{1}{3}$

   답 $9\dfrac{1}{3}$ km

3. 생각하며 푼다!

   예 (휘발유 1 L로 갈 수 있는 거리)

   =(가는 거리)÷(휘발유의 양)

   $= 3\dfrac{3}{5} \div \dfrac{3}{8} = \dfrac{\overset{6}{18}}{5} \times \dfrac{8}{\overset{}{\underset{1}{3}}} = \dfrac{48}{5} = 9\dfrac{3}{5} \text{ (km)}$

   답 $9\dfrac{3}{5}$ km

05. 분수의 곱셈으로 계산하는
(자연수)÷(분수) 문장제

26쪽

1. 생각하며 푼다! $4000, \dfrac{4}{7}$ / $4000, \dfrac{7}{4}, 7000$

   답 7000원

2. 생각하며 푼다! $5000, \dfrac{5}{9}$ / $\overset{1000}{\cancel{5000}} \times \dfrac{9}{\underset{1}{\cancel{5}}}$ / 9000

   답 9000원

3. 생각하며 푼다!

   예 (새우 1 kg의 가격)

   　 =(새우의 가격)÷(새우의 무게)

   　 $=7000÷\dfrac{2}{5}=\overset{3500}{\cancel{7000}} \times \dfrac{5}{\underset{1}{\cancel{2}}}=17500$(원)

   답 17500원

27쪽

1. 생각하며 푼다! $6, 1\dfrac{1}{2}$ / $6, \dfrac{3}{2}$ / $6, \dfrac{2}{3}, 4$ / $4, 7, 28$

   답 28대

2. 생각하며 푼다! 하루 / $8, 1\dfrac{1}{7}$ / $8, \dfrac{8}{7}$ / $\overset{}{\cancel{8}} \times \dfrac{7}{\underset{1}{\cancel{8}}}$ / 7 /

   　　　　　　　 7×5 / 35

   답 35대

28쪽

1. 생각하며 푼다! $\dfrac{6}{11}$ / $\dfrac{6}{11}$ / $18, \dfrac{6}{11}$ / $18, \dfrac{11}{6}, 33$ / 33

   답 33명

2. 생각하며 푼다! $\dfrac{2}{7}, \dfrac{5}{7}$ / $\dfrac{5}{7}, 20$ / $20, \dfrac{5}{7}$ / $\overset{4}{\cancel{20}} \times \dfrac{7}{\underset{1}{\cancel{5}}}$ /

   　　　　　　　 28 / 예 민지네 반 학생은 모두 28명

   답 28명

29쪽

1. 생각하며 푼다! $1, 7$ / $\dfrac{1}{7}, 7, 14$ / $\dfrac{1}{2}, 2, 14$

   답 14

2. 생각하며 푼다! $3, 4, 5$ / $\dfrac{3}{5}, 4, \dfrac{5}{3}$ / $\dfrac{20}{3}, 6\dfrac{2}{3}$ /

   　 예 $5÷\dfrac{3}{4}=5 \times \dfrac{4}{3}=\dfrac{20}{3}=6\dfrac{2}{3}$

   답 $6\dfrac{2}{3}$

3. 생각하며 푼다!

   예 분자에는 가장 작은 수인 5를, 분모와 자연수에는

   6 또는 7을 넣고 계산합니다.

   따라서 몫이 가장 큰 나눗셈식은

   $6÷\dfrac{5}{7}=6 \times \dfrac{7}{5}=\dfrac{42}{5}=8\dfrac{2}{5}$ 또는

   $7÷\dfrac{5}{6}=7 \times \dfrac{6}{5}=\dfrac{42}{5}=8\dfrac{2}{5}$입니다.

   답 $8\dfrac{2}{5}$

06. 분수의 나눗셈을 활용하는 문장제

30쪽

1. 생각하며 푼다! $1\dfrac{1}{7}$ / $1\dfrac{1}{7}, \dfrac{4}{5}$ / $\dfrac{8}{7}, \dfrac{5}{4}$ / $\dfrac{10}{7}, 1\dfrac{3}{7}$ /

   　　　　　　　 $1\dfrac{3}{7}, \dfrac{4}{5}$ / $\dfrac{10}{7}, \dfrac{5}{4}$ / $\dfrac{25}{14}, 1\dfrac{11}{14}$

   답 $1\dfrac{11}{14}$

2. 생각하며 푼다! $2\dfrac{1}{4}, 1\dfrac{1}{2}$ / $1\dfrac{1}{2}, 2\dfrac{1}{4}$ / $\dfrac{3}{2}, \dfrac{4}{9}$ / $\dfrac{2}{3}$ /

   　 예 $\dfrac{2}{3}÷2\dfrac{1}{4}=\dfrac{2}{3} \times \dfrac{4}{9}=\dfrac{8}{27}$입니다.

   답 $\dfrac{8}{27}$

31쪽

1. 생각하며 푼다! $7\dfrac{1}{2}, \dfrac{3}{4}$ / $\dfrac{15}{2}, \dfrac{4}{3}, 10$ / $10, 9$ / $5, 9$,

   　　　　　　　 45

   답 45분

2. 생각하며 푼다!

예) (자른 도막 수)

= (전체 통나무의 길이)÷(한 도막의 길이)

$= 6\frac{2}{3} \div 1\frac{1}{9} = \frac{20}{3} \div \frac{10}{9} = \frac{\overset{2}{\cancel{20}}}{\underset{1}{\cancel{3}}} \times \frac{\overset{3}{\cancel{9}}}{\underset{1}{\cancel{10}}}$

$= 6$(도막)

(통나무를 자른 횟수)=(자른 도막 수)-1

$= 6-1 = 5$(번)

따라서 통나무를 모두 자를 때까지 걸린 시간은

$6 \times 5 = 30$(분)입니다.

답 30분

32쪽

1. 생각하며 푼다! $60, 2 / \frac{1}{2}, 1\frac{1}{5} / \frac{1}{2}, \frac{6}{5} / \frac{1}{2}, \frac{5}{6}, \frac{5}{12}$

답 $\frac{5}{12}$분

2. 생각하며 푼다! $60, 5 /$ 시간 $/ \frac{3}{5}, 1\frac{1}{3} / \frac{3}{5}, \frac{4}{3} /$

$\frac{3}{5} \times \frac{3}{4} / \frac{9}{20}$

답 $\frac{9}{20}$분

33쪽

1. 생각하며 푼다! $60, 12 / 5\frac{3}{4}, \frac{5}{12} / \frac{23}{4}, \frac{12}{5} / \frac{69}{5},$

$13\frac{4}{5} / 13\frac{4}{5}, 1\frac{2}{3} / \frac{69}{5}, \frac{5}{3} / 23$

답 $23\,\text{L}$

2. 생각하며 푼다!

예) 40분$= \frac{40}{60}$시간$= \frac{2}{3}$시간입니다.

(1시간 동안 나오는 물의 양)

= (나오는 물의 양)÷(물이 나오는 시간)

$= 8\frac{2}{5} \div \frac{2}{3} = \frac{\overset{21}{\cancel{42}}}{5} \times \frac{3}{\underset{1}{\cancel{2}}} = \frac{63}{5} = 12\frac{3}{5}\,(\text{L})$

($2\frac{1}{2}$시간 동안 나오는 물의 양)

$= 12\frac{3}{5} \times 2\frac{1}{2} = \frac{63}{\underset{1}{\cancel{5}}} \times \frac{\overset{1}{\cancel{5}}}{2} = \frac{63}{2} = 31\frac{1}{2}\,(\text{L})$

답 $31\frac{1}{2}\,\text{L}$

34쪽

1. 생각하며 푼다! $45, 3 / 1\frac{1}{3}, \frac{3}{4} / \frac{4}{3}, \frac{4}{3} / \frac{16}{9}, 1\frac{7}{9}$

답 $1\frac{7}{9}\,\text{km}$

2. 생각하며 푼다! $60, \frac{4}{5} /$ 걸린 시간 $/$

$4\frac{1}{5}, \frac{4}{5} / \frac{21}{5}, \frac{5}{4} / \frac{21}{4}, 5\frac{1}{4}$

답 $5\frac{1}{4}\,\text{km}$

35쪽

1. 생각하며 푼다! $50, \frac{5}{6} / \frac{5}{6}, 2\frac{1}{12} / \frac{5}{6}, \frac{12}{25}, \frac{2}{5} /$

$\frac{2}{5}, 3\frac{1}{8} / \frac{2}{5}, \frac{25}{8} / \frac{5}{4}, 1\frac{1}{4}$

답 $1\frac{1}{4}$시간

2. 생각하며 푼다!

예) 24분$= \frac{24}{60}$시간$= \frac{2}{5}$시간입니다.

(1 km를 걷는 데 걸리는 시간)

= (걸린 시간)÷(걸은 거리)

$= \frac{2}{5} \div 1\frac{1}{9} = \frac{2}{5} \times \frac{9}{\underset{5}{\cancel{10}}} = \frac{9}{25}$(시간)

($3\frac{1}{3}$ km를 걷는 데 걸리는 시간)

$= \frac{9}{25} \times 3\frac{1}{3} = \frac{\overset{3}{\cancel{9}}}{\underset{5}{\cancel{25}}} \times \frac{\overset{2}{\cancel{10}}}{\underset{1}{\cancel{3}}} = \frac{6}{5} = 1\frac{1}{5}$(시간)

답 $1\frac{1}{5}$시간

 단원평가 이렇게 나와요! **36쪽**

1. 5개   **2.** 식혜, 1컵   **3.** $1\frac{2}{3}$배   **4.** 4개

5. 27 kg   **6.** $4\frac{2}{3}$ km   **7.** 35분

1. (참기름을 담은 병 수)

= (전체 참기름의 양)÷(한 병에 담은 참기름의 양)

$= \frac{10}{11} \div \frac{2}{11} = 10 \div 2 = 5$(개)

2. (우유를 따른 컵 수)

$=$(전체 우유의 양)$÷$(한 컵에 따른 우유의 양)

$=\dfrac{9}{11}÷\dfrac{3}{11}=9÷3=3$(컵)

(식혜를 따른 컵 수)

$=$(전체 식혜의 양)$÷$(한 컵에 따른 식혜의 양)

$=\dfrac{8}{15}÷\dfrac{2}{15}=8÷2=4$(컵)

따라서 식혜가 $4-3=1$(컵) 더 많습니다.

3. (지희가 마신 주스의 양)$÷$(민하가 마신 주스의 양)

$=\dfrac{5}{8}÷\dfrac{3}{8}=5÷3=\dfrac{5}{3}=1\dfrac{2}{3}$(배)

4. (소금을 담은 통 수)

$=$(전체 소금의 양)$÷$(한 통에 담은 소금의 양)

$=\dfrac{3}{4}÷\dfrac{3}{16}=\dfrac{\cancel{3}^{1}}{\cancel{4}_{1}}×\dfrac{\cancel{16}^{4}}{\cancel{3}_{1}}=4$(개)

5. (철근 1 m의 무게)

$=$(철근의 무게)$÷$(철근의 길이)

$=6÷\dfrac{2}{9}=\cancel{6}^{3}×\dfrac{9}{\cancel{2}_{1}}=27$ (kg)

6. 45분$=\dfrac{45}{60}$시간$=\dfrac{3}{4}$시간입니다.

(1시간 동안 갈 수 있는 거리)

$=$(걸은 거리)$÷$(걸린 시간)

$=3\dfrac{1}{2}÷\dfrac{3}{4}=\dfrac{7}{\cancel{2}_{1}}×\dfrac{\cancel{4}^{2}}{3}=\dfrac{14}{3}=4\dfrac{2}{3}$ (km)

7. (자른 도막 수)

$=$(전체 통나무의 길이)$÷$(한 도막의 길이)

$=8\dfrac{1}{4}÷1\dfrac{3}{8}=\dfrac{\cancel{33}^{3}}{\cancel{4}_{1}}×\dfrac{\cancel{8}^{2}}{\cancel{11}_{1}}=6$(도막)

(통나무를 자른 횟수)$=$(자른 도막 수)-1

$=6-1=5$(번)

따라서 통나무를 모두 자를 때까지 걸린 시간은

$7×5=35$(분)입니다.

 둘째 마당·소수의 나눗셈

07. 자릿수가 같은 (소수)÷(소수) 문장제

38쪽

1. 생각하며 푼다! 24, 10 / 10, 24 / 100, 24, 100 / 100, 24

답 24, 24

2. 생각하며 푼다! 1.5 / 오른 / 1.5

답 1.5

3. 생각하며 푼다! 45, 15 / 45, 15, 3

답 3

39쪽

1. 생각하며 푼다! 20.8, 5.2, 4

답 4배

2. 생각하며 푼다! 아버지 / 79.4÷39.7 / 2

답 2배

3. 생각하며 푼다! 가로, 세로 / 48.5÷9.7 / 5

답 5배

4. 생각하며 푼다!

예 (빨간색 끈의 길이)$÷$(파란색 끈의 길이)

$=45.6÷7.6=6$(배)

답 6배

40쪽

1. 생각하며 푼다! 2.75, 0.25, 11

답 11명

2. 생각하며 푼다! 전체, 한 병 / 50.32÷1.48 / 34

답 34개

3. 생각하며 푼다!

예 (담을 수 있는 상자 수)

$=$(전체 방울토마토의 양)

$÷$(한 상자에 담는 방울토마토의 양)

$=81.76÷2.92=28$(개)

답 28개

1. 생각하며 푼다! 36.4, 2.6, 14

   답 14개

2. 생각하며 푼다! 울타리 / 30.6÷1.8 / 17

   답 17개

3. 생각하며 푼다!

   예 (필요한 가로등 수)

   ＝(공원의 둘레)÷(가로등 사이의 간격)

   ＝157.5÷7.5＝21(개)

   답 21개

42쪽

1. 생각하며 푼다! 31.5, 3.5, 9 / 31.5, 4.5, 7 / 9, 7, 2

   답 2도막

2. 생각하며 푼다! 14.4÷0.6 / 24 / 14.4÷0.4 / 36 /
   36, 24, 12

   답 12봉지

3. 생각하며 푼다!

   예 (명수가 담은 물병 수)＝10.8÷1.2＝9(개)

   (윤아가 담은 물병 수)＝10.8÷1.8＝6(개)

   따라서 9－6＝3(개) 더 많습니다.

   답 3개

43쪽

1. 생각하며 푼다! 5.28, 10.56, 15.84 / 15.84, 5.28, 3
   / 늘어난, 처음 / 3

   답 3배

2. 생각하며 푼다! 9.37＋28.11 / 37.48 / 늘어난, 처음 /
   37.48÷9.37 / 4 / 늘어난 후, 처음,
   4배입니다

   답 4배

08. 자릿수가 다른 (소수)÷(소수) 문장제

44쪽

1. 생각하며 푼다! 1.6, 100 / 100, 1.6 / 1.6, 1.6, 10 /
   10, 1.6

   답 1.6

2. 생각하며 푼다! 2.8 / 오른 / 24, 2.8

   답 2.8

3. 생각하며 푼다! 8, 4.9 / 4.9

   답 4.9 m

45쪽

1. 생각하며 푼다! 22.44, 0.3, 74.8

   답 74.8 km

2. 생각하며 푼다! 연료 / 1 / 19.86÷0.2 / 99.3

   답 99.3 km

3. 생각하며 푼다!

   예 (연료 35.04 L로 갈 수 있는 거리)

   ＝(전체 연료의 양)

   ÷(1 km를 가는 데 필요한 연료의 양)

   ＝35.04÷0.4＝87.6 (km)

   답 87.6 km

46쪽

1. 생각하며 푼다! 넓이, 밑변 / 27.95, 6.5, 4.3

   답 4.3 cm

2. 생각하며 푼다! 넓이 / 2 / 높이 / 21.78, 2, 3.6 /
   43.56÷3.6 / 12.1

   답 12.1 cm

3. 생각하며 푼다! 넓이 / 2 / 48.67, 2, 15.7 /
   97.34÷15.7 / 6.2

   답 6.2 cm

47쪽

1. 생각하며 푼다! 3.25, 1.3, 2.5 / 12, 2, 2.2 / 2.5, 2.2,
   5.5

   답 5.5 km

2. 생각하며 푼다! 거리, 시간 / 7.28÷2.8＝2.6 / 45, 3,
   1.75 / 1시간 동안 걸을 수 있는 거리 /
   2.6×1.75＝4.55

   답 4.55 km

09. (자연수)÷(소수) 문장제

48쪽

1. 생각하며 푼다! 5, 10 / 10, 5
   답 5

2. 생각하며 푼다! 8 / 두 / 125, 8
   답 8

3. 생각하며 푼다! 60, 4 / 60, 4, 15 / 15
   답 15도막

49쪽

1. 생각하며 푼다! 20, 0.8, 25 / 25, 24
   답 24번

2. 생각하며 푼다! 69÷4.6 / 15 / 1 / 15, 1, 14
   답 14번

3. 생각하며 푼다!
   예 (자른 도막 수)
   =(전체 철근의 길이)÷(한 도막의 길이)
   =45÷1.25=36(도막)
   (자른 횟수)
   =(자른 도막 수)−1
   =36−1=35(번)
   답 35번

50쪽

1. 생각하며 푼다! 76, 9.5, 8 / 8, 9
   답 9개

2. 생각하며 푼다! 72÷2.25 / 32 / 32+1 / 33
   답 33개

3. 생각하며 푼다!
   예 =221÷3.4=65(군데)
   (도로 한쪽에 심은 나무 수)
   =(나무 사이의 간격 수)+1
   =65+1=66(그루)
   답 66그루

10. 몫의 반올림과 남은 양을 구하는 문장제

51쪽

1. 생각하며 푼다! 6 / 첫째 / 6, 2 / 2
   답 2배

2. 생각하며 푼다! 2, 8 / 둘째 / 8, 0.3 / 0.3
   답 0.3배

3. 생각하며 푼다! 4, 4, 1.2 / 2, 1.2 / 2, 1.2 /
   2, 8, 1.2 / 2, 1.2 / 2, 1.2
   답 2명, 1.2 m

52쪽

1. 생각하며 푼다! 6, 6, 6 / 둘 / 6 / 6, 6 / 7 / 셋 / 6 /
   6, 6, 6 / 6, 7 / 13.7, 13.67, 0.03
   답 0.03

2. 생각하며 푼다! 2, 8, 3 / 소수 둘째 자리 숫자가 8 /
   5.28 / 5.3 / 소수 셋째 자리 숫자가 3 /
   5.283 / 5.28 / 5.3−5.28=0.02
   답 0.02

53쪽

1. 생각하며 푼다! 0, 6, 6, 6 / 6 / 6
   답 6

2. 생각하며 푼다! 3, 6, 3, 6 / 3, 6 / 3, 6, 3
   답 3

3. 생각하며 푼다!
   예 16÷11=1.4545……이므로 몫의 소수 첫째 자
   리부터 두 숫자 4, 5가 반복됩니다.
   따라서 몫의 소수 20째 자리 숫자는 두 숫자 4, 5
   가 반복되는 짝수 번째 자리 숫자이므로 5입니다.
   답 5

54쪽

1. 생각하며 푼다! 3.4, 7 / 0, 4, 8, 5 / 0.49 / 0.49
   답 0.49 L

2. 생각하며 푼다! 13.9, 0.7 / 1, 9, 8, 5, 7 / 19.86 /
   19.86
   답 19.86분

3. 생각하며 푼다!

예 (로봇이 움직이는 데 걸리는 시간)

=(움직이려는 거리)÷(1시간 동안 움직이는 거리)

$=53.8÷4.7=11.44……→11.4$

따라서 11.4시간이 걸립니다.

답 11.4시간

55쪽

1. 생각하며 푼다! $\boxed{5, 35, 3.6}$ / 5, 3.6

답 5봉지, 3.6 kg

2. 생각하며 푼다! $\boxed{7, 14, 1.2}$ / 7, 1.2

답 7상자, 1.2 m

3. 생각하며 푼다!

예 리본 82.3 cm로 꽃 3개를 만들 수 있고, 남는 리본의 길이는 7.3 cm입니다.

답 3개, 7.3 cm

56쪽

1. 생각하며 푼다! 47.5, 5 / 9, 2.5 / 9, 2.5

답 9상자, 2.5 kg

2. 생각하며 푼다! 110.5, 6 / 18, 2.5 / 18, 2.5

답 18개, 2.5 g

3. 생각하며 푼다!

예 (전체 토마토의 무게)

÷(한 상자에 담는 토마토의 무게)

$=78.6÷4=19…2.6$

따라서 토마토를 19상자까지 팔 수 있고, 남는 토마토는 2.6 kg입니다.

답 19상자, 2.6 kg

57쪽

1. 생각하며 푼다! 57.4, 2 / 28, 1.4 / 28, 1.4 / 28, 29

답 29개

2. 생각하며 푼다! 38.2, 3 / 12, 2.2 / 12, 2.2 / 12+1 / 13

답 13번

3. 생각하며 푼다!

예 (전체 쌀의 양)

÷(한 자루에 담을 수 있는 쌀의 양)

$=130.6÷8=16…2.6$

따라서 쌀을 16개의 자루에 담고 남는 쌀 2.6 kg도 자루에 담아야 하므로 자루는 적어도 $16+1=17$(개) 필요합니다.

답 17개

11. 소수의 나눗셈을 활용하는 문장제

58쪽

1. 생각하며 푼다! 1.29, 10.32 / 10.32, 1.29, 8 / 8

답 8

2. 생각하며 푼다! $6.2×$■ / 14.26 / 14.26÷6.2 / 2.3 / 2.3

답 2.3

3. 생각하며 푼다! 14, 2.8 / 14, 2.8, 5 / 5

답 5

4. 생각하며 푼다!

예 어떤 수를 ■라 하면 96÷■=6.4,

■=96÷6.4=15입니다.

따라서 어떤 수는 15입니다.

답 15

59쪽

1. 생각하며 푼다! 7, 13 / 7, 13 / 8, 9, 10, 11, 12 / 5

답 5개

2. 생각하며 푼다! 12, 17 / 12, 17 / 13, 14, 15, 16 / 4

답 4개

3. 생각하며 푼다!

예 $9.66÷4.2=2.3$, $13.28÷1.6=8.3$이므로

$2.3<□<8.3$입니다.

따라서 □ 안에 들어갈 수 있는 자연수는 3, 4, 5, 6, 7, 8로 모두 6개입니다.

답 6개

60쪽

1. 생각하며 푼다! 5.55, 1.5, 3.7 / 3.7, 1.5, 2.46 / 2.5

    답 2.5

2. 생각하며 푼다! 2.1, 18.9 / 18.9, 2.1, 9 / 9÷2.1 /
    4.285 / 소수 둘째 자리, 4.29

    답 4.29

61쪽

1. 생각하며 푼다! 9, 6, 4 / 9, 6, 4 / 9.6, 0.4, 24

    답 24

2. 생각하며 푼다! 8, 7, 3 / 87, 0, 3 / 87÷0.3=290

    답 290

3. 생각하며 푼다!

    예 9>8>5이므로 몫이 가장 크려면 나누어지는
    수는 98이고 나누는 수는 0.5이어야 합니다.
    따라서 몫이 가장 큰 나눗셈식의 몫은
    98÷0.5=196입니다.

    답 196

62쪽

1. 생각하며 푼다! 1, 3, 8 / 8 / 1.4 / 1.4

    답 1.4분

2. 생각하며 푼다! 17, 21 / 0, 8, 0, 9 / 셋 / 9 / 0.81 / 0.81

    답 0.81분

63쪽

1. 생각하며 푼다! 20, 6, 14 / 14, 0.4, 35

    답 35분

2. 생각하며 푼다! 18.5, 6.5, 12 / 탄 양초의 길이 /
    12÷0.25 / 48

    답 48분

3. 생각하며 푼다!

    예 (탄 양초의 길이)
    =(처음 양초의 길이)-(남은 양초의 길이)
    =25.5-14.5=11 (cm)
    (양초를 태우는 데 걸린 시간)
    =(탄 양초의 길이)÷(1분에 타는 양초의 길이)
    =11÷0.2=55(분)

    답 55분

 단원평가 이렇게 나와요! 64쪽

1. 4배   2. 3개
3. 6.3 km   4. 23번
5. 24.8분   6. 8봉지, 1.3 kg
7. 3개

1. (주황색 테이프의 길이)÷(초록색 테이프의 길이)
    =34.8÷8.7=4(배)

2. (수지가 담은 병 수)=13.2÷1.65=8(개)
    (준서가 담은 병 수)=13.2÷2.64=5(개)
    따라서 8-5=3(개) 더 많습니다.

3. (1시간 동안 걸을 수 있는 거리)
    =(걸은 거리)÷(걸린 시간)
    =4.48÷1.6=2.8 (km)
    2시간 15분=2$\frac{15}{60}$시간=2$\frac{1}{4}$시간=2.25시간
    (2시간 15분 동안 걸을 수 있는 거리)
    =(1시간 동안 걸을 수 있는 거리)×(걸린 시간)
    =2.8×2.25=6.3 (km)

4. (자른 도막 수)=(전체 철근의 길이)÷(한 도막의 길이)
    =18÷0.75=24(도막)
    (자른 횟수)=(자른 도막 수)-1
    =24-1=23(번)

5. (물을 받는 데 걸리는 시간)
    =(받으려는 물의 양)÷(1분에 나오는 물의 양)
    =22.3÷0.9=24.77……→ 24.8
    따라서 물을 받으려면 24.8분이 걸립니다.

6. 17.3÷2=8…1.3
    따라서 8봉지에 나누어 담을 수 있고, 남는 설탕은
    1.3 kg입니다.

7. 24.42÷3.7=6.6, 53.36÷5.8=9.2이므로
    6.6<□<9.2입니다. 따라서 □ 안에 들어갈 수 있
    는 자연수는 7, 8, 9로 모두 3개입니다.

12. 쌓기나무의 개수 구하는 문장제 (1)

66쪽

1. 생각하며 푼다! 2, 2 / 1, 2

답
앞   옆

2. 생각하며 푼다! 높은 / 1, 1, 3 / 1, 3, 1

답
앞   옆

67쪽

1. 생각하며 푼다! 3, 2, 1

답 위

3	2
1	

2. 생각하며 푼다! 2, 3, 1, 2

답 위

2	3
1	2

68쪽

1. 생각하며 푼다! 3, 2, 1, 2, 2, 1 / 3, 2, 1, 2, 2, 1, 11

답 11개

2. 생각하며 푼다! 3, 2, 2, 1, 2, 1 /
3+2+2+1+2+1 / 11

답 11개

69쪽

1. 생각하며 푼다!

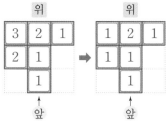

10, 7 / 10, 7, 3

답 3개

2. 생각하며 푼다!

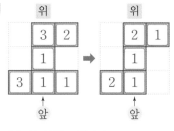

11, 7 / 11−7 / 4

답 4개

 13. 쌓기나무의 개수 구하는 문장제 (2)

70쪽

1. 생각하며 푼다! 1, 3, 2, 2 / 1, 3, 2, 2, 8

답 8개

2. 생각하며 푼다!

예 앞에서 보면 왼쪽에서부터 3층, 3층, 3층, 2층으로 보입니다.
따라서 앞에서 볼 때 보이는 쌓기나무는
3+3+3+2=11(개)입니다.

답 11개

71쪽

1. 생각하며 푼다! 3, 3, 4 / 3, 3, 4, 10

답 10개

2. 생각하며 푼다!

　예 옆에서 보면 왼쪽에서부터 2층, 4층, 3층으로 보
　　입니다.
　　따라서 옆에서 볼 때 보이는 쌓기나무는
　　2＋4＋3＝9(개)입니다.

　답 9개

72쪽

1. 생각하며 푼다!　5, 1, 1 / 5, 1, 1, 7

　답 7개

2. 생각하며 푼다!　6, 2, 1 / 6＋2＋1 / 9

　답 9개

3. 생각하며 푼다!

　예 쌓기나무가 1층에 6개, 2층에 3개, 3층에 2개입
　　니다.
　　따라서 쌓기나무는 6＋3＋2＝11(개) 필요합니다.

　답 11개

73쪽

1. 생각하며 푼다!　1, 1, 2 / 1, 1, 2, 1, 1, 6

　답 6개

2. 생각하며 푼다!　3, 2 / 1, 2 / 3＋1＋1＋2 / 7

　답 7개

74쪽

1. 생각하며 푼다!　5, 3 / 5, 3, 8

　답 8개

2. 생각하며 푼다!

　예 (2층에 쌓은 쌓기나무의 개수)＝4개
　　(3층에 쌓은 쌓기나무의 개수)＝2개
　　따라서 2층과 3층에 쌓은 쌓기나무는 모두
　　4＋2＝6(개)입니다.

　답 6개

75쪽

1. 생각하며 푼다!　2, 3, 2 / 2, 3, 2, 12 / 7 / 12, 7, 5

　답 5개

2. 생각하며 푼다!　3, 2, 3 / 3×2×3 / 18 / 10 /
　　　　　　　　　　18－10 / 8

　답 8개

 단원평가 이렇게 나와요!　76쪽

1. 10개	2. 8개
3. 4개	4. 7개
5. 9개	

1. 각 자리에 쌓여 있는 쌓기나무는 ㉠에 3개, ㉡에 2개,
㉢에 1개, ㉣에 2개, ㉤에 1개, ㉥에 1개입니다.
따라서 필요한 쌓기나무는
3＋2＋1＋2＋1＋1＝10(개)입니다.

2. 옆에서 보면 왼쪽에서부터 3층, 2층, 3층으로 보입
니다.
따라서 옆에서 볼 때 보이는 쌓기나무는
3＋2＋3＝8(개)입니다.

3. 두 쌓기나무를 위에서 본 모양의 각 자리에 수를 쓰면

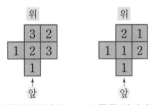

왼쪽 쌓기나무　　　오른쪽 쌓기나무

왼쪽 쌓기나무는 12개로,
오른쪽 쌓기나무는 8개로 쌓은 모양입니다.
따라서 빼낸 쌓기나무는 12－8＝4(개)입니다.

4. (2층에 쌓은 쌓기나무의 개수)＝5개
(3층에 쌓은 쌓기나무의 개수)＝2개
따라서 2층과 3층에 쌓은 쌓기나무는 모두
5＋2＝7(개)입니다.

5. 만들 수 있는 가장 작은 직육면체는 가로, 세로, 높이
에 쌓기나무를 각각 2개씩, 3개씩, 3개씩 쌓은 모양
입니다.
(가장 작은 직육면체 모양을 만드는 데 필요한 쌓기
나무 개수)＝2×3×3＝18(개)
(주어진 모양에 있는 쌓기나무의 개수)＝9개
따라서 더 필요한 쌓기나무는 18－9＝9(개)입니다.

넷째 마당·비례식과 비례배분

14. 비의 성질을 활용하는 문장제

78쪽

1. 생각하며 푼다! 6 / 6, 7 / 7, 6

   답 7 : 6

2. 생각하며 푼다! 2, 5 / 4, 10 / $\frac{4}{10}$, 2 /

   2, 5 / 6, 15 / $\frac{6}{15}$, 2

   답 4 : 10, 6 : 15

3. 생각하며 푼다! $\frac{24}{30}$, 4 / 24, 2 / 12, 15 / $\frac{12}{15}$, 4 /

   24, 30, 3 / 8, 10 / $\frac{8}{10}$, 4

   답 12 : 15, 8 : 10

79쪽

1. 생각하며 푼다! 2, 3 / $\frac{2}{3}$ / 2, 3 / 4, 6 / 4, $\frac{2}{3}$

   답 $\frac{2}{3}$, $\frac{2}{3}$

2. 생각하며 푼다! 6, 1 / 6 / 3 / 6, 1, 3 / 18 : 3 / 3, 6

   답 6, 6

80쪽

1. 생각하며 푼다! 0.6 / 0.6, 9

   답 9

2. 생각하며 푼다! $\frac{2}{3}$ / $\frac{2}{3}$, 9, 6

   답 6

3. 생각하며 푼다! $\frac{1}{4}$ / $\frac{1}{4}$, 5, 5

   답 5

4. 생각하며 푼다!

   예 전항을 □라 하면 □ : 4의 비율은 $\frac{□}{4}$=1.5입

   니다.

   따라서 □=1.5×4=6이므로 전항은 6입니다.

   답 6

15. 간단한 자연수의 비로 나타내는 문장제

81쪽

1. 생각하며 푼다! 4 / 4, 7

   답 4 : 7

2. 생각하며 푼다! 10 / 10 / 8, 11

   답 8 : 11

3. 생각하며 푼다! $\frac{5}{9}$ / $\frac{4}{3}$, $\frac{5}{9}$, 9 / 12, 5

   답 12 : 5

4. 생각하며 푼다! 6, 0.6, 0.6 / 0.6 / 0.6, 10 / 6, 15 /

   6, 15, 3 / 2, 5

   답 2 : 5

82쪽

1. 생각하며 푼다! 88 / 64, 88, 8 / 8, 11

   답 8 : 11

2. 생각하며 푼다! 수지 / 2400, 3000 / 2400, 3000,

   600 / 4, 5

   답 4 : 5

3. 생각하며 푼다!

   예 (남학생 수)=(전체 학생 수)−(여학생 수)

   =180−95=85(명)

   (6학년 전체 학생 수) : (남학생 수)

   → 180 : 85

   → (180÷5) : (85÷5)

   → 36 : 17

   답 36 : 17

1. 생각하며 푼다! 42.5, 73.5 / 42.5, 73.5, 10 / 425, 735 / 425, 735, 5 / 85, 147

   답 85 : 147

2. 생각하며 푼다! 높이 / 6, 3.9 / 6, 3.9, 10 / 60, 39 / 60, 39, 3 / 20, 13

   답 20 : 13

3. 생각하며 푼다!

   예 (매실액의 양) : (물의 양)

   → 1.4 : 5 → (1.4×10) : (5×10)

   → 14 : 50 → (14÷2) : (50÷2)

   → 7 : 25

   답 7 : 25

1. 생각하며 푼다! $\frac{1}{3}$, $\frac{5}{12}$ / $\frac{1}{3}$, $\frac{5}{12}$, 12 / 4, 5

   답 4 : 5

2. 생각하며 푼다! $\frac{1}{2}$, $\frac{3}{7}$ / $\frac{1}{2}$ / $\frac{3}{7}$×14 / 7, 6

   답 7 : 6

3. 생각하며 푼다!

   예 (수호가 마신 물의 양) : (윤지가 마신 물의 양)

   → $1\frac{2}{3}$: $1\frac{1}{2}$ → $\frac{5}{3}$: $\frac{3}{2}$

   → $\left(\frac{5}{3}×6\right)$: $\left(\frac{3}{2}×6\right)$

   → 10 : 9

   답 예 10 : 9

1. 생각하며 푼다! 3 / 9, 3, 3, 3 / 3, 1 / 9, 4, 36 / 3, 4, 12 / 36, 12 / 36, 12, 12 / 3, 1

   답 3 : 1, 3 : 1

2. 생각하며 푼다! 6 / 8, 6, 2 / 4, 3 / 8×8 / 64 / 6×6 / 36 / 64, 36 / 64, 36, 4 / 16, 9

   답 4 : 3, 16 : 9

1. 생각하며 푼다! 4, 3 / $\frac{1}{4}$, $\frac{1}{3}$ / $\frac{1}{4}$, $\frac{1}{3}$, 12 / 3, 4

   답 3 : 4

2. 생각하며 푼다! 6, $\frac{1}{7}$ / $\frac{1}{6}$, $\frac{1}{7}$ / $\frac{1}{6}$ / $\frac{1}{7}$×42 / 7, 6

   답 7 : 6

16. 비례식의 성질을 활용하는 문장제

1. 생각하며 푼다! $\frac{4}{5}$, 20, 4 / 같습니다

   답 같습니다.

2. 생각하며 푼다! 외항 / 2, 35 / 내항 / 5, 14

   답 외항: 2, 35, 내항: 5, 14

3. 생각하며 푼다! 3, 24 / 3, 24, 72 / 8, 9 / 8, 9, 72 / 72, =, 72 / 같습니다

   답 같습니다.

1. 생각하며 푼다! 12, 84, 21

   답 21

2. 생각하며 푼다! 내항 / 36, 9, 20 / 36, 180, 5

   답 5

3. 생각하며 푼다!

   예 비례식에서 (외항의 곱)=(내항의 곱)이므로

   3×□=60×9, 3×□=540, □=180입니다.

   답 180

1. 생각하며 푼다! 7, 7 / 112, 56 / 56

   답 56개

2. 생각하며 푼다! 3, 60 / 3, 60 / 180, 45 / 45

   답 45장

3. 생각하며 푼다!

　예 소금의 양을 ■ kg이라 하고 비례식을 세우면

　　$3 : 5 = 15 : ■ \rightarrow 3 \times ■ = 5 \times 15$,

　　$3 \times ■ = 75$, $■ = 25$입니다.

　　따라서 설탕이 15 kg일 때 소금은 25 kg입니다.

　답　25 kg

90쪽

1. 생각하며 푼다!　3, 7 / 7, 3 / 63, 3, 21 / 21

　답　21 m

2. 생각하며 푼다!　5, 24, 72 / 5, 72, 24 / 360, 24, 15 /
　　　　　　　　15

　답　15분

3. 생각하며 푼다!

　예 30장을 복사하는 데 걸리는 시간을 ■초라 하고
　　비례식을 세우면

　　$7 : 6 = ■ : 30 \rightarrow 7 \times 30 = 6 \times ■$,

　　$210 = 6 \times ■$, $■ = 35$입니다.

　　따라서 30장을 복사하려면 35초가 걸립니다.

　답　35초

91쪽

1. 생각하며 푼다!　6, 6 / 600, 30 / 30

　답　30명

2. 생각하며 푼다!　32, 8 / 32, 8 / 32, 800, 25 / 25

　답　25명

3. 생각하며 푼다!

　예 경희네 학교 6학년 학생 수를 ■명이라 하고 비례
　　식을 세우면

　　$47 : 141 = 100 : ■ \rightarrow 47 \times ■ = 141 \times 100$,

　　$47 \times ■ = 14100$, $■ = 300$입니다.

　　따라서 경희네 학교 6학년 학생은 모두 300명입
　　니다.

　답　300명

92쪽

1. 생각하며 푼다!　3, 16 / 3, 16 / 2, 48, 24 / 24

　답　24번

2. 생각하며 푼다!　4, 7, 20 / 4, 7, 20 / 4, 140, 35 / 35

　답　35번

3. 생각하며 푼다!　5, 4 /

　예 톱니바퀴 ㉮가 40번 도는 동안 톱니바퀴 ㉯가
　　■번 돈다고 하면

　　$5 : 4 = 40 : ■ \rightarrow 5 \times ■ = 4 \times 40$,

　　$5 \times ■ = 160$, $■ = 32$이므로 톱니바퀴 ㉯는
　　32번 돕니다.

　답　32번

93쪽

1. 생각하며 푼다!　6 / 6, 48, 24 / 48 / 6, 48, 8

　답　㉠: 6, ㉡: 8, ㉢: 24

2. 생각하며 푼다!　$\frac{3}{5}$, 6 / 6, 120, 120, 12 / 내항 / 120

　　　　　　　　/ 6, 120, 20

　답　㉠: 6, ㉡: 12, ㉢: 20

17. 비례배분 문장제

94쪽

1. 생각하며 푼다!　12, $\frac{1}{3}$, 4 / 2, 2, 12, $\frac{2}{3}$, 8 / 12, 1, 2,

　　　　　　　　3, 2 / 4, 4 / 4, 8

　답　4, 8

2. 생각하며 푼다!　25, $\frac{2}{2+3}$ / 25, $\frac{2}{5}$, 10 /

　　　　　　　　25, $\frac{3}{2+3}$ / 25, $\frac{3}{5}$, 15

　답　10개, 15개

95쪽

1. 생각하며 푼다! $1, 2 / 24, \dfrac{1}{3}, 8 / 24, \dfrac{2}{1+2} / 24, \dfrac{2}{3},$ 16

   답 보혜: 8자루, 민수: 16자루

2. 생각하며 푼다! $70, \dfrac{4}{4+3} / 70 \times \dfrac{4}{7} / 40 /$ $70, \dfrac{3}{4+3} / 70 \times \dfrac{3}{7} / 30$

   답 긴 쪽: 40 cm, 짧은 쪽: 30 cm

3. 생각하며 푼다!

   예 선우: $6000 \times \dfrac{5}{5+7} = 6000 \times \dfrac{5}{12}$ $= 2500$(원)

   민지: $6000 \times \dfrac{7}{5+7} = 6000 \times \dfrac{7}{12}$ $= 3500$(원)

   답 선우: 2500원, 민지: 3500원

96쪽

1. 생각하며 푼다! $18, 30, 6 / 3, 5 / \dfrac{5}{3+5} / 96, \dfrac{5}{8}, 60$

   답 60개

2. 생각하며 푼다! $\dfrac{1}{2}, \dfrac{1}{3}, 6 / 3, 2 / 650, \dfrac{2}{3+2} /$ $650 \times \dfrac{2}{5} / 260$

   답 260 mL

3. 생각하며 푼다!

   예 1.1 : 0.9를 간단한 자연수의 비로 나타내면

   $1.1 : 0.9 \rightarrow (1.1 \times 10) : (0.9 \times 10)$ $\rightarrow 11 : 9$입니다.

   (작은 도막의 길이)$= 40 \times \dfrac{9}{11+9}$ $= 40 \times \dfrac{9}{20} = 18$ (cm)

   답 18 cm

97쪽

1. 생각하며 푼다! $600 / \dfrac{3}{3+1} / \dfrac{3}{4}, 600 / 600, \dfrac{3}{4} /$ $600, \dfrac{4}{3}, 800 / 800$

   답 800 mL

2. 생각하며 푼다! $3000 / \dfrac{5}{2+5} / \dfrac{5}{7}, 3000 / 3000, \dfrac{5}{7}$ $/ 3000 \times \dfrac{7}{5} / 4200 / 4200$

   답 4200원

98쪽

1. 생각하며 푼다! $128, 64 / 64, \dfrac{5}{5+3} / 64, \dfrac{5}{8}, 40 /$ $64, \dfrac{3}{5+3} / 64, \dfrac{3}{8}, 24$

   답 가로: 40 cm, 세로: 24 cm

2. 생각하며 푼다! $90 \div 2 / 45 / 45, \dfrac{2}{2+7} / 45 \times \dfrac{2}{9} /$ $10 / 45, \dfrac{7}{2+7} / 45 \times \dfrac{7}{9} / 35 /$ $10 \times 35 / 350$

   답 $350 \ \text{cm}^2$

99쪽

1. 생각하며 푼다! $100, 150, 50 / 2, 3 / \dfrac{2}{2+3} / \dfrac{2}{5}, 20$ $/ 20, \dfrac{2}{5} / 20, \dfrac{5}{2}, 50 / 50$

   답 50만 원

2. 생각하며 푼다! $120, 90, 30 / 4, 3 /$

   예 전체 이익금을 ■만 원이라 하면

   $■ \times \dfrac{3}{4+3} = ■ \times \dfrac{3}{7} = 30,$

   $■ = 30 \div \dfrac{3}{7} = 30 \times \dfrac{7}{3} = 70$입니다.

   따라서 전체 이익금은 70만 원입니다.

   답 70만 원

1. 36
2. 예 13 : 6
3. 3 : 4, 예 3 : 4
4. 1000원
5. 24명
6. 5000원
7. 60 cm

1. 전항을 □라 하면 □ : 30의 비율은 $\dfrac{□}{30}$=1.2입니다.

따라서 □=1.2×30=36이므로 전항은 36입니다.

2. 11.7 : 5.4 ➜ (11.7×10) : (5.4×10)

➜ 117 : 54 ➜ (117÷9) : (54÷9)

➜ 13 : 6

3. • (가의 세로) : (나의 세로)

➜ 6 : 8 ➜ (6÷2) : (8÷2) ➜ 3 : 4

(가의 넓이)=12×6=72 (cm^2)

(나의 넓이)=12×8=96 (cm^2)

• (가의 넓이) : (나의 넓이)

➜ 72 : 96 ➜ (72÷24) : (96÷24) ➜ 3 : 4

4. 현아가 저금한 금액을 □원이라 하고 비례식을 세우면 3 : 2=1500 : □ ➜ 3×□=2×1500, 3×□=3000, □=1000입니다.

따라서 현아가 저금한 금액은 1000원입니다.

5. 유하네 반 학생 수를 □명이라 하고 비례식을 세우면 25 : 6=100 : □ ➜ 25×□=6×100, 25×□=600, □=24입니다.

따라서 유하네 반 학생은 모두 24명입니다.

6. $8000×\dfrac{5}{5+3}=8000×\dfrac{5}{8}=5000$(원)

7. 처음에 있던 철사의 길이를 □ cm라 하면

$□×\dfrac{7}{7+8}=□×\dfrac{7}{15}=28$,

$□=28÷\dfrac{7}{15}=28×\dfrac{15}{7}=60$입니다.

따라서 처음에 있던 철사의 길이는 60 cm이었습니다.

 다섯째 마당·원의 넓이

 18. 원주와 원주율을 구하는 문장제

102쪽

1. 생각하며 푼다! 4, 3, 12

답 12 cm

2. 생각하며 푼다! 원주 / 94.2, 30, 3.14

답 3.14

3. 생각하며 푼다! 8, 3.14, 25.12 / 5, 3.14, 31.4 / 31.4, 25.12, 6.28

답 6.28 cm

103쪽

1. 생각하며 푼다! 16, 3, 16 / 24, 16, 40

답 40 cm

2. 생각하며 푼다! 원주 / 15×3.14 / 15 / 23.55+15 / 38.55

답 38.55 cm

3. 생각하며 푼다!

예 (반원의 둘레)=$\left(원주의 \dfrac{1}{2}\right)$+(지름)

$=24×3.1×\dfrac{1}{2}+24$

$=37.2+24=61.2$ (cm)

답 61.2 cm

104쪽

1. 생각하며 푼다! 24.8, 8, 3.1 / 37.2, 12, 3.1 / 3.1, =, 3.1 / 같습니다

답 같습니다.

2. 생각하며 푼다! 157÷50 / 3.14 / 지름 / 109.9÷35 / 3.14 / 3.14, =, 3.14 / 예 두 굴렁쇠의 원주율은 같습니다

답 같습니다.

105쪽

1. 생각하며 푼다! 5, 3, 30

   답 30 m

2. 생각하며 푼다! 2 / 원주율 / 7×2×3.14 / 43.96

   답 43.96 m

3. 생각하며 푼다!

   예 (수호가 그린 원의 원주)

   =(반지름)×2×(원주율)

   =11×2×3.1=68.2 (cm)

   답 68.2 cm

106쪽

1. 생각하며 푼다! 30, 3.1, 186

   답 186 cm

2. 생각하며 푼다! 원주율 / 20×3 / 60 / 60×4 / 240

   답 240 cm

3. 생각하며 푼다!

   예 (훌라후프가 한 바퀴 굴러간 거리)

   =(지름)×(원주율)

   =80×3.14=251.2 (cm)

   (훌라후프가 5바퀴 굴러간 거리)

   =(훌라후프가 한 바퀴 굴러간 거리)

   ×(굴린 바퀴 수)

   =251.2×5=1256 (cm)

   답 1256 cm

107쪽

1. 생각하며 푼다! 0.32, 3, 1.92 / 5.76, 1.92, 3

   답 3바퀴

2. 생각하며 푼다! 원주율 / 40×3.14 / 125.6 / 거리,
   원주 / 628÷125.6 / 5

   답 5바퀴

3. 생각하며 푼다!

   예 (타이어의 원주)=(반지름)×2×(원주율)

   =25×2×3.1=155 (cm)

   (타이어를 굴린 바퀴 수)

   =(굴러간 거리)÷(타이어의 원주)

   =620÷155=4(바퀴)

   답 4바퀴

108쪽

1. 생각하며 푼다! 3.1, 31 / 4, 40 / 31, 40, 71

   답 71 cm

2. 생각하며 푼다!

   예 (곡선 부분의 길이)

   =(지름)×(원주율)

   =15×3.14=47.1 (cm)

   (직선 부분의 길이)=15×4=60 (cm)

   (사용한 끈의 길이)

   =(곡선 부분의 길이)+(직선 부분의 길이)

   =47.1+60=107.1 (cm)

   답 107.1 cm

 19. 지름을 구하는 문장제

109쪽

1. 생각하며 푼다! 원주, 원주율 / 15, 5

   답 5 cm

2. 생각하며 푼다! 12.56, 4 / 4, 2

   답 2 cm

3. 생각하며 푼다! 31, 10 / 18.6, 6 / 10, 6, 4

   답 4 cm

110쪽

1. 생각하며 푼다! 66, 3, 22

   답 22 cm

2. 생각하며 푼다! 원주 / 43.4÷3.1 / 14 / 14÷2 / 7

   답 7 cm

3. 생각하며 푼다! 78.5÷3.14 / 25 / 원주, 원주율 /
   47.1÷3.14 / 15 / 25, 15, 10

   답 10 cm

111쪽

1. 생각하며 푼다! 24.8, 3.1, 8 / 7, <, 8 / 나
   답 나

2. 생각하며 푼다! 원주율 / 34.54÷3.14 / 11 /
   예 12>11이므로 원 가가 더 큽니다
   답 가

3. 생각하며 푼다! 8, 16 / 원주, 원주율 / 42÷3 / 14 /
   16, >, 14 / 가
   답 가

112쪽

1. 생각하며 푼다! 24, 3, 8
   답 8 cm

2. 생각하며 푼다! 원주율 / 37.68÷3.14 / 12 / 12÷2
   / 6
   답 6 cm

3. 생각하며 푼다! 원주율 / 55.8÷3.1 / 18 / 원주율 /
   40.3÷3.1 / 13 / 18, 13, 31
   답 31 cm

113쪽

1. 생각하며 푼다! 14, 3, 42 / 42, 21 / 21, 3, 7
   답 7 cm

2. 생각하며 푼다! 지름 / 50×3.1 / 155 / 155÷5 / 31
   / 원주 / 31÷3.1 / 10
   답 10 cm

20. 원의 넓이를 구하는 문장제

114쪽

1. 생각하며 푼다! 4, 4, 48
   답 48 cm^2

2. 생각하며 푼다! 원주율 / 2, 2, 3.1, 12.4
   답 12.4 cm^2

3. 생각하며 푼다! 6, 3 / 반지름, 반지름 / 3×3×3.14 /
   28.26
   답 28.26 cm^2

4. 생각하며 푼다! 5, 5, 75 / 6, 6, 108 / 108, 75, 33
   답 33 cm^2

115쪽

1. 생각하며 푼다! 10, 10, 3.1, 310
   답 310 cm^2

2. 생각하며 푼다! 반지름, 반지름 / 18×18×3 / 972
   답 972 cm^2

3. 생각하며 푼다! 2, 22, 2, 11 / 원주율 / 11×11×3.1
   / 375.1
   답 375.1 m^2

4. 생각하며 푼다!
   예 (연못의 반지름)=(연못의 지름)÷2
                    =60÷2=30 (m)
   (연못의 넓이)=(반지름)×(반지름)×(원주율)
              =30×30×3.14=2826 (m^2)
   답 2826 m^2

116쪽

1. 생각하며 푼다! 4, 4, 3.1, 49.6 / 49.6, 27.9, 21.7
   답 21.7 cm^2

2. 생각하며 푼다! 원주율 / 14×14×3 / 588 /
   588−523 / 65
   답 65 cm^2

3. 생각하며 푼다!
   예 (윤서가 그린 원의 넓이)
     =(반지름)×(반지름)×(원주율)
     =13×13×3.1=523.9 (cm^2)
   (두 사람이 그린 원의 넓이의 차)
     =706.5−523.9=182.6 (cm^2)
   답 182.6 cm^2

1. 생각하며 푼다! 16, 8 / 8, 8, 3.1, 198.4

   답 198.4 cm^2

2. 생각하며 푼다! 20, 10 / 반지름, 반지름 /
   $10 \times 10 \times 3.14$ / 314

   답 314 cm^2

3. 생각하며 푼다!

   예 (만들 수 있는 가장 큰 원의 반지름)

   $= 30 \div 2 = 15$ (cm)

   (원의 넓이)

   $=$ (반지름)$\times$(반지름)$\times$(원주율)

   $= 15 \times 15 \times 3 = 675$ (cm^2)

   답 675 cm^2

1. 생각하며 푼다! 5, 5, 3.14, 78.5 / 10, 10, 3.14, 314
   / 314, 78.5, 4

   답 4배

2. 생각하며 푼다! $2 \times 2 \times 3.1$ / 12.4 / $8 \times 8 \times 3.1$ /
   198.4 / 198.4, 12.4, 16

   답 16배

3. 생각하며 푼다!

   예 (원 가의 넓이) $=$ (반지름)$\times$(반지름)$\times$(원주율)
   $= 3 \times 3 \times 3 = 27$ (cm^2)

   (원 나의 넓이) $=$ (반지름)$\times$(반지름)$\times$(원주율)
   $= 9 \times 9 \times 3 = 243$ (cm^2)

   따라서 원 나의 넓이는 원 가의 넓이의

   $243 \div 27 = 9$(배)입니다.

   답 9배

21. 여러 가지 원의 넓이를 구하는 문장제

1. 생각하며 푼다! 8, 4 / 8, 8, 4, 4, 3.14 / 64, 50.24,
   13.76

   답 13.76 cm^2

2. 생각하며 푼다! 14, 2, 7 / 14×14 / $7 \times 7 \times 3$ /
   196 - 147 / 49

   답 49 cm^2

3. 생각하며 푼다!

   예 (원의 반지름) $=$ (지름)$\div 2$
   $= 20 \div 2 = 10$ (cm)

   (색칠한 부분의 넓이)

   $=$ (정사각형의 넓이)$-$(원의 넓이)

   $= 20 \times 20 - 10 \times 10 \times 3.1$

   $= 400 - 310 = 90$ (cm^2)

   답 90 cm^2

1. 생각하며 푼다! 3 / 18, 18, 3, 972 / 972, $\frac{3}{4}$, 729

   답 729 cm^2

2. 생각하며 푼다! 6, 5 / 반지름, 반지름 / $10 \times 10 \times 3$ /
   300 / $300 \times \frac{5}{6}$ / 250

   답 250 cm^2

1. 생각하며 푼다! 15, 10 / 15, 15, 3 / 10, 10, 3 / 675,
   300, 375

   답 375 cm^2

2. 생각하며 푼다! 30, 20 / 30, 30, 3.14 / 20, 20, 3.14
   / 2826 - 1256 / 1570

   답 1570 cm^2

1. 생각하며 푼다! 20, 10 / 10, 10, 3.1, 310 / 65, 20,
   1300 / 310, 1300, 1610

   답 1610 m^2

2. 생각하며 푼다! 30, 15 / $15 \times 15 \times 3.14$ / 706.5 /
   80×30 / 2400 / 2 / 직사각형 /
   706.5 + 2400 / 3106.5

   답 3106.5 m^2

123쪽

1. 생각하며 푼다! 6, 3, 3, 3 / 36, 18, 54 / 6, 6, 3 / 3, 3, 3 / 108, 27, 81

   답 둘레: 54 cm, 넓이: 81 cm²

2. 생각하며 푼다! 15 / 15×2×3.14 / 10×2×3.14 / 94.2+62.8 / 157 / 15×15×3.14 / 10×10×3.14 / 706.5−314 / 392.5

   답 둘레: 157 m, 넓이: 392.5 m²

124쪽

1. 생각하며 푼다! 42, 3, 14 / 14, 2, 7 / 7, 7, 3, 147

   답 147 cm²

2. 생각하며 푼다! 원주율 / 62÷3.1 / 20 / 2 / 20÷2 / 10 / 반지름, 반지름 / 10×10×3.1 / 310

   답 310 cm²

3. 생각하며 푼다!

   예 (지름)=(원주)÷(원주율)
   　　　　=37.68÷3.14=12 (cm)
   (반지름)=(지름)÷2
   　　　　=12÷2=6 (cm)
   (원의 넓이)=(반지름)×(반지름)×(원주율)
   　　　　=6×6×3.14=113.04 (cm²)

   답 113.04 cm²

125쪽

1. 생각하며 푼다! 50.24, 3.14, 16 / 16, 4, 8 / 8, 3.14, 25.12

   답 25.12 cm

2. 생각하며 푼다! 원주율, 원의 넓이, 원주율 / 243÷3 / 81 / 81, 9, 18 / 원주율 / 18×3 / 54

   답 54 cm

1. 372 cm	2. 15 cm
3. 20 cm	4. 314 m²
5. 208 m²	6. 344 cm²

1. (원반이 한 바퀴 굴러간 거리)
   =(지름)×(원주율)
   =40×3.1=124 (cm)
   (원반이 3바퀴 굴러간 거리)
   =(원반이 한 바퀴 굴러간 거리)×(굴린 바퀴 수)
   =124×3=372 (cm)

2. (피자의 지름)=(원주)÷(원주율)
   　　　　　　=94.2÷3.14=30 (cm)
   (피자의 반지름)=(지름)÷2=30÷2=15 (cm)

3. (지름이 60 cm인 원의 원주)
   =(지름)×(원주율)
   =60×3.1=186 (cm)
   (작은 원 1개의 원주)=186÷3=62 (cm)
   (작은 원의 지름)=(원주)÷(원주율)
   　　　　　　　=62÷3.1=20 (cm)

4. (무대의 반지름)=(지름)÷2=20÷2=10 (m)
   (무대의 넓이)=(반지름)×(반지름)×(원주율)
   　　　　　　=10×10×3.14=314 (m²)

5. (반원의 반지름)=8÷2=4 (m)
   (반원 2개의 넓이의 합)=4×4×3=48 (m²)
   (직사각형의 넓이)=20×8=160 (m²)
   (꽃밭의 넓이)
   =(반원 2개의 넓이의 합)+(직사각형의 넓이)
   =48+160=208 (m²)

6. (색칠한 부분의 넓이)
   =(정사각형의 넓이)−(원의 넓이)
   =40×40−20×20×3.14
   =1600−1256=344 (cm²)

여섯째 마당·원기둥, 원뿔, 구

23. 원기둥 문장제

128쪽

1. 생각하며 푼다! 밑면 / 5
   답 5 cm
2. 생각하며 푼다! 가로 / ㄱㄷ, ㄴㄹ
   답 선분 ㄱㄷ, 선분 ㄴㄹ
3. 생각하며 푼다! 둘레, 둘레, 지름 / 5, 3, 15 / 높이 / 10
   답 ㉠: 15 cm, ㉡: 10 cm

129쪽

1. 생각하며 푼다! 7, 2, 3, 42 / 10
   답 옆면의 가로: 42 cm, 옆면의 세로: 10 cm
2. 생각하며 푼다! $6 \times 2 \times 3.1$ / 37.2 / 높이 / 15
   답 옆면의 가로: 37.2 cm, 옆면의 세로: 15 cm
3. 생각하며 푼다!
   예 (옆면의 가로) = (밑면의 반지름) × 2 × (원주율)
   $= 10 \times 2 \times 3.14 = 62.8$ (cm)
   (옆면의 세로) = (원기둥의 높이) = 25 cm
   답 옆면의 가로: 62.8 cm, 옆면의 세로: 25 cm

130쪽

1. 생각하며 푼다! 24, 3, 8 / 8, 2, 4
   답 4 cm
2. 생각하며 푼다! 원주율 / 37.2÷3.1 / 12 / 반지름 /
   2 / 12÷2 / 6
   답 6 cm

131쪽

1. 생각하며 푼다! 4, 3, 12 / 5 / 12, 5 / 17, 34
   답 34 cm

2. 생각하며 푼다! 둘레 / 7×3.1 / 21.7 / 높이 / 11 /
   21.7+11 / 32.7, 65.4
   답 65.4 cm

132쪽

1. 생각하며 푼다! 원기둥 / 원기둥, 가로 / 5 / 5, 10
   답 10 cm
2. 생각하며 푼다! 원기둥 / 원기둥, 세로 / 4
   답 4 cm
3. 생각하며 푼다!
   예 만든 입체도형은 원기둥입니다.
   원기둥의 높이는 돌리기 전 직사각형의 가로의
   길이와 같으므로 8 cm입니다.
   답 8 cm

133쪽

1. 생각하며 푼다! 2 / 4, 2, 3, 24 / 24, 3, 72
   답 72 cm²
2. 생각하며 푼다! $3 \times 2 \times 3.1$ / 18.6 / 넓이 / 18.6×7 /
   130.2
   답 130.2 cm²
3. 생각하며 푼다!
   예 (옆면의 가로) = (밑면의 반지름) × 2 × (원주율)
   $= 5 \times 2 \times 3 = 30$ (cm)
   (옆면의 넓이) = (옆면의 가로) × (옆면의 세로)
   $= 30 \times 11 = 330$ (cm²)
   답 330 cm²

134쪽

1. 생각하며 푼다! 6, 2, 3, 36 / 세로 / 288, 36, 8
   답 8 cm
2. 생각하며 푼다! 지름 / 7×3.1 / 21.7 /
   옆면의 세로, 넓이, 가로 /
   217÷21.7 / 10
   답 10 cm

135쪽

1. 생각하며 푼다! 3, 8 / 6, 3, 8, 144

   답 144 cm^2

2. 생각하며 푼다! 8, 5 / 높이 /
   $16 \times 3.14 \times 5$ (또는 $8 \times 2 \times 3.14 \times 5$)
   / 251.2

   답 251.2 cm^2

3. 생각하며 푼다!

   예 밑면의 반지름이 12 cm이고 높이가 10 cm인
   원기둥입니다.
   (원기둥의 옆면의 넓이)
   =(밑면의 지름)×(원주율)×(높이)
   =$24 \times 3.1 \times 10 = 744$ (cm^2)

   답 744 cm^2

24. 원뿔 문장제

136쪽

1. 생각하며 푼다! 4, 5

   답 원뿔의 높이: 4 cm, 모선의 길이: 5 cm

2. 생각하며 푼다! 3, 2, 6 / 원뿔

   답 6 cm

3. 생각하며 푼다! 15, 10 / 15, 10, 5

   답 5 cm

137쪽

1. 생각하며 푼다! 4, 8 / 3 / 8, 3, 5

   답 5 cm

2. 생각하며 푼다! 2 / 5×2 / 10 / 12 / 12−10 / 2

   답 2 cm

3. 생각하며 푼다!

   예 (밑면의 지름)=(밑면의 반지름)×2
   $\qquad\qquad = 8 \times 2 = 16$ (cm)
   (높이)=15 cm
   따라서 밑면의 지름과 높이의 차는
   $16 - 15 = 1$ (cm)입니다.

   답 1 cm

138쪽

1. 생각하며 푼다! 6 / 18, 6 / 6, 3

   답 3 cm

2. 생각하며 푼다! 10 cm인 이등변삼각형 / 32, 10, 10,
   12 / 12, 6

   답 6 cm

3. 생각하며 푼다!

   예 원뿔을 앞에서 본 모양은 두 변의 길이가 8 cm인
   이등변삼각형입니다.
   (밑면의 지름)=$22 - 8 - 8 = 6$ (cm)
   (밑면의 반지름)=$6 \div 2 = 3$ (cm)

   답 3 cm

139쪽

1. 생각하며 푼다! 3 / 원 / 3, 3, 3.1, 27.9 / 6, 7 / 삼각형
   / 6, 7, 2, 21 / 27.9, 21, 6.9

   답 6.9 cm^2

2. 생각하며 푼다! 4 / 원 / $4 \times 4 \times 3$ / 48 / 8, 6 /
   삼각형 / $8 \times 6 \div 2$ / 24 / 48, 24, 24

   답 24 cm^2

25. 구 문장제

140쪽

1. 생각하며 푼다! 반지름 / 3

   답 3 cm

2. 생각하며 푼다! 6, 6, 12

   답 12 cm

3. 생각하며 푼다! 구 / 20, 10

답 10 cm

141쪽

1. 생각하며 푼다! 9 / 9, 2, 3, 54

답 54 cm

2. 생각하며 푼다! 12 / 원 / 12×2×3.1 / 74.4

답 74.4 cm

3. 생각하며 푼다!

예 구를 앞에서 본 모양은 반지름이 15 cm인 원입니다.

(원의 둘레)＝(반지름)×2×(원주율)
＝15×2×3.14＝94.2 (cm)

답 94.2 cm

142쪽

1. 생각하며 푼다! 7, 2, 3, 42 / 7, 7, 3, 147

답 둘레: 42 cm, 넓이: 147 cm²

2. 생각하며 푼다! 2 / 5×2×3.1 / 31 / 원주율 /
5×5×3.1 / 77.5

답 둘레: 31 cm, 넓이: 77.5 cm²

3. 생각하며 푼다!

예 (가장 큰 단면의 둘레)
＝(반지름)×2×(원주율)
＝9×2×3.1＝55.8 (cm)

(가장 큰 단면의 넓이)
＝(반지름)×(반지름)×(원주율)
＝9×9×3.1＝251.1 (cm²)

답 둘레: 55.8 cm, 넓이: 251.1 cm²

143쪽

1. 생각하며 푼다! 6 / 6, 6, 3.1, 2, 55.8

답 55.8 cm²

2. 생각하며 푼다! 10 / 반원 / 2 / 10×10×3.14÷2 /
157

답 157 cm²

3. 생각하며 푼다!

예 돌리기 전의 종이의 모양은 반지름이 16 cm인 반원입니다.

(돌리기 전의 종이의 넓이)
＝(반지름)×(반지름)×(원주율)÷2
＝16×16×3÷2＝384 (cm²)

답 384 cm²

26. 원기둥, 원뿔, 구를 활용하는 문장제

144쪽

1. 생각하며 푼다! 25, 12 / 25, 12, 13

답 13 cm

2. 생각하며 푼다! 24, 15 / 24−15 / 9

답 9 cm

3. 생각하며 푼다!

예 원기둥의 높이는 18 cm이고, 원뿔의 높이는 15 cm입니다.

따라서 두 입체도형의 높이의 차는
18−15＝3 (cm)입니다.

답 3 cm

145쪽

1. 생각하며 푼다! 12, 8 / 직사각형 / 12, 8, 96 / 16, 13
/ 삼각형 / 16, 13, 2, 104 / 104, 96, 8

답 8 cm²

2. 생각하며 푼다!

예 구를 앞에서 본 모양은 반지름이 7 cm인 원입니다.

(원의 넓이)＝7×7×3＝147 (cm²)

원뿔을 앞에서 본 모양은 밑변의 길이가 20 cm,
높이가 15 cm인 삼각형입니다.

(삼각형의 넓이)＝20×15÷2＝150 (cm²)

(앞에서 본 모양의 넓이의 차)
＝150−147＝3 (cm²)

답 3 cm²

단원평가 **이렇게 나와요!** **146쪽**

1. 8 cm	2. 124 cm^2
3. 4 cm	4. 4 cm
5. 50.24 cm	6. 20 cm^2

1. (밑면의 지름)=(옆면의 가로)÷(원주율)

$\qquad$ =49.6÷3.1=16 (cm)

(밑면의 반지름)=(밑면의 지름)÷2

$\qquad$ =16÷2=8 (cm)

2. (옆면의 가로)=(밑면의 반지름)×2×(원주율)

$\qquad$ =4×2×3.1=24.8 (cm)

(옆면의 넓이)=(옆면의 가로)×(옆면의 세로)

$\qquad$ =24.8×5=124 (cm^2)

3. (옆면의 가로)

$\qquad$ =(밑면의 반지름)×2×(원주율)

$\qquad$ =3×2×3=18 (cm)

원기둥의 높이는 전개도에서 옆면의 세로와 같으므로

(옆면의 세로)

$\qquad$ =(옆면의 넓이)÷(옆면의 가로)

$\qquad$ =72÷18=4 (cm)입니다.

4. 원뿔을 앞에서 본 모양은 두 변의 길이가 11 cm인 이등변삼각형입니다.

(밑면의 지름)=30−11−11=8 (cm)

(밑면의 반지름)=8÷2=4 (cm)

5. 구를 앞에서 본 모양은 반지름이 8 cm인 원입니다.

(원의 둘레)=(반지름)×2×(원주율)

$\qquad$ =8×2×3.14=50.24 (cm)

6. 원기둥을 앞에서 본 모양은 가로가 8 cm, 세로가 10 cm인 직사각형입니다.

(직사각형의 넓이)=8×10=80 (cm^2)

원뿔을 앞에서 본 모양은 밑변의 길이가 10 cm, 높이가 12 cm인 삼각형입니다.

(삼각형의 넓이)=10×12÷2=60 (cm^2)

(앞에서 본 모양의 넓이의 차)

$\qquad$ =80−60=20 (cm^2)

여기까지 온 바빠 친구들!
정말 대단해요~
'바빠 중학연산'에서 다시 만나요!

바빠 공부단 카페에서 함께 공부하면 재미있어요!

네이버 카페 '바빠 공부단'(cafe.naver.com/easyispub)에서 만나요~ 책 한 권을 다 풀면 다른 책 1권을 선물로 드리는 '바빠 공부단(상시 모집)' 제도도 있답니다. 혼자 공부하는 것보다 같이 공부하면 더 꾸준히, 효율적으로 공부할 수 있어요! 알찬 교육 정보도 만나고 출판사 이벤트에도 참여해 꿩 먹고 알 먹고~!

• **이지스에듀**는 학생들을 탈락시키지 않고 모두 목적지까지 데려가는 책을 만듭니다!